UN PASEO POR EL ESPACIO

Luis Manuel Calenti

ÍNDICE

INTRODUCCIÓN...................................8

CONCEPTOS BÁSICOS. 12

DISTANCIAS Y MEDIDAS. ESPECTROGRAFÍA

- GRAVEDAD. MALLA GRAVITACIONAL DE LAS ESTRELLAS Y PLANETAS.

- TEORÍA DE LA RELATIVIDAD DE EINSTEIN.

- VIDA Y MUERTE. TODO TIENE UN PRINCIPIO Y UN FIN.

UNIVERSO..30

- FORMACIÓN. ¿BIG BANG?. ¿QUÉ HABÍA ANTES?.

- COMPOSICIÓN Y FORMA DEL UNIVERSO.

- MULTIVERSOS. TEORÍA DE CUERDAS.

GALAXIAS...44

- FORMACIÓN. AGUJEROS NEGROS SUPERMASIVOS.
- TIPOS DE GALAXIAS.
- COMPOSICIÓN DE LAS GALAXIAS. MOVIMIENTO Y COLISIONES DE LAS GALAXIAS.

SISTEMA SOLAR. 58

FORMACIÓN. TEORÍA DE LA ACRECIÓN
- COMPOSICIÓN. SOL. PLANETAS. SATÉLITES. CINTURÓN DE ASTEROIDES.

ESTRELLAS. ………………………...64

FORMACIÓN. TIPOS. TAMAÑO. BRILLO (MAGNITUD). DISTANCIA
- COMPOSICIÓN.
- MOVIMIENTO DE LAS ESTRELLAS. OSCILACIÓN JUNTO A UN PLANETA.
- FIN DE UNA ESTRELLA. SUPERNOVA. HIPERNOVA. AGUJEROS NEGROS. QUÁSARES. ETC

OBJETOS ERRANTES. 74
- ASTEROIDES
- COMETAS. METEROIDE. METEOROS. BÓLIDOS.
- METEORITOS.

LA CARRERA ESPACIAL................80
ESTACIONES ESPACIALES............90
SATÉLITES. ……………………………96
- GPS. COMUNICACIÓN CUÁNTICA Y SUS APLICACIONES PARA LAS TRANSMISIONES EN EL ESPACIO. TELETRANSPORTE (NOCIÓN)
- TELEPORTACIÓN.

NUEVAS NAVES 104
DE LA NASA Y DE LA AGENCIA ESPACIAL RUSA

COMPAÑÍAS PRIVADAS 108
(SPACE X, VIRGIN GALACTIC, ETC). TURISMO ESPACIAL

AVIONES ESPACIALES....................116

HYPERLOOP.......................................120

PRÓXIMAS MISIONES.....................122
BASE PERMANENTE LUNAR
COLONIZACIÓN DE MARTE. 124
TERRAFORMACIÓN
EXOPLANETAS.................................130
EL FUTURO DE LOS VIAJES ESPACIALES. 138

INTRODUCCIÓN.

Todos, en algún momento, sentimos la curiosidad de levantar la vista hacia el cielo nocturno y nos hemos maravillado con la cantidad de estrellas que hay, y nos hemos preguntado cuántas civilizaciones en otros planetas habrá mirando al cielo y haciéndose la misma pregunta, dando sus primeros pasos interplanetarios, o incluso moviéndose libremente y sin dificultad por su galaxia entera o visitando otras.

Si hemos tenido la suerte de hacerlo en la cima de una montaña apartada de la ciudad habremos podido contemplar una banda blanquecina que atraviesa el firmamento, es nuestra propia galaxia, la Vía Láctea. También nos solemos concentrar en algunos puntos en el extrarradio de la ciudad para contemplar las lluvias de estrellas o un eclipse.

Esta curiosidad, es la que hace que miles de personas en todo el mundo se dediquen a estudiar el espacio, desde cosmólogos que sugieren posibles orígenes y fines del mismísimo universo, físicos teóricos que "profetizan" sobre universos paralelos, ingenieros aeroespaciales que estudian cómo llegar más rápido a otros planetas, astrofísicos, exobiólogos, exogeólogos y otras muchas disciplinas, hasta astrónomos aficionados que simplemente disfrutan escudriñando el cielo y se encandilan con las maravillas del universo, como es el caso del que suscribe.

En definitiva todas estas especialidades de la ciencia tratan de dar respuesta, entre otras, a las preguntas más primigenias que han abordado al ser humano desde sus orígenes, ¿habrá otros planetas habitados por seres inteligentes ahí fuera?, ¿podremos establecer contacto con ellos?, o mejor aún ¿podremos llegar a ellos por nuestros propios medios?.

Esa innata curiosidad, el afán por conocer, nos ha traído en menos de dos millones de años de existencia al punto en el que estamos, y no hemos hecho más que arañar el conocimiento.

Queda tanto por descubrir que no podemos ni imaginar las maravillas que nos esperan.

A cada descubrimiento se abre una rama o una especialidad nueva de la ciencia.

Tan vasto es el conocimiento al que hemos llegado que una sola persona no puede albergarlo, y se ha de limitar a su campo de investigación.

Así, donde hace poco más de mil años una sola persona (pocas en el mundo en realidad) podía retener prácticamente todo el conocimiento que se tenía en aquel momento, hoy día dividimos la ciencia en ramas.

Tenemos geólogos, biólogos, matemáticos, físicos, químicos, etc. Y dentro de cada rama tenemos especialidades como por ejemplo dentro de la geología: paleontólogos, edafólogos, cristalógrafos y un largo etcétera.

Antiguamente, no hace tanto (sólo un par de centurias) un médico era "un médico", es decir, daba igual que te rompieras una pierna, que tuvieses un sarpullido en la piel, que los niños se pusiesen malos o que tuvieses una dolencia genital, te atendía el mismo médico para todo, y si tenía que abrir, abría.

Quién duda hoy día de la necesidad de acudir a un médico especialista según la dolencia que tengamos. Y ni qué decir tiene de los cirujanos. A nadie en su sano juicio se le ocurre meterse en un quirófano para que lo opere un cirujano que no sea de la especialidad que necesita.

Con la informática o la robótica está ocurriendo lo mismo, así tenemos especialistas en la programación de software para ordenadores de sobremesa, programadores especializados en páginas webs, en videojuegos y un largo etcétera.

O técnicos instaladores de redes, desarrollo de hardware, ingenieros de servomotores para robótica industrial, doméstica y así casi indefinidamente. Y acabamos de empezar con esta tecnología, ¿qué ocurrirá dentro de, por ejemplo, doscientos años?.

Una de estas nuevas especialidades es la exobiología, que se encarga de la búsqueda, y de momento, teorización, de vida fuera de nuestro planeta. Como veremos en el capítulo de exobiología, es matemáticamente imposible que nuestro planeta sea el único que albergue vida, incluso inteligencia, en el universo.

Otra rama en exponencial desarrollo es la ingeniería aeroespacial. Desde que el hombre es hombre ha imaginado volar como las aves o llegar a las estrellas.

Lo primero, conseguido. Lo segundo, estamos en ello…

Desde los primeros modelos de avión de los hermanos Wright a los últimos cazas de combate de despegue y aterrizaje vertical, aviones espía supersónicos, aviones de pasajeros transoceánicos o los aviones espaciales en desarrollo hay un salto tecnológico enorme.

Lo mismo ocurre con las naves espaciales, menos conocidas por el gran público.

Aunque aparentemente y de aspecto sean siempre un cohete sobre el que se coloca una cápsula donde van metidos unos astronautas como sardinas en lata, la tecnología tanto de esa cápsula como de los motores que la ponen en órbita han avanzado muchísimo.

Las nuevas Orion, aunque de aspecto sean parecidas a las antiguas Apolo que llevaron al hombre a la Luna, poco más tienen en común. Con los cohetes sucede lo mismo, ahora son muchísimo más potentes y las naves pueden alcanzar sus objetivos en menos tiempo. Así, un viaje a la Luna, que con las Apolo se tardaba unos tres días, se puede realizar en la actualidad en unas pocas horas. La New Horizon con destino a Plutón pasó por la Luna en ocho horas y media.

Pero antes de empezar siquiera a hablar sobre el espacio en sí tenemos que repasar unos conceptos que son fundamentales para comprender las magnitudes de las que hablaremos más adelante, como son las distancias y medidas en el universo, la gravedad y malla gravitacional, el vínculo del espacio-tiempo o el concepto del desplazamiento hacia el rojo.

CONCEPTOS BÁSICOS.

DISTANCIAS Y MEDIDAS.

DESPLAZAMIENTO AL ROJO.

A nadie se le escapa que en todas las películas futuristas ambientadas en el espacio se emplea el término velocidad de la luz, hiperespacio o velocidad warp.

Hiperespacio es un término ficticio empleado en películas como Star Wars para indicar múltiplos de la velocidad de la luz, de manera que habría unas naves espaciales que se desplazarían más rápido que otras a velocidades superlumínicas.

Obviamente este término no se emplea porque no existe en realidad. En palabras del físico teórico Michio Kaku sería una imposibilidad de nivel III, es decir, imposible del todo.

Velocidad warp o de curvatura se emplea en series y películas como Star Trek o Battlestar Galactica.

Dicha velocidad se basa en que la nave tiene la capacidad de curvar el espacio-tiempo por delante y por detrás de la nave, creando una "burbuja" entorno a la nave permitiendo desplazarse de un punto del universo a otro casi instantáneamente, contrayendo el espacio de delante de la nave y dilatando el espacio por detrás de la nave, como si plegáramos un papel para acercar la nave situada en el centro del papel al extremo del papel.

Fijaos que no empleé el adjetivo "ficticio" como el anterior caso, y esto es debido a que en los últimos años ha pasado de ser un absurdo de la ciencia ficción a ser objeto de estudios serios de los más respetados físicos como Miguel Alcubierre o ingenieros como el jefe del departamento de propulsión de la NASA Harold White, llegando a lograr auténticos avances en laboratorio y sugiriendo incluso el aspecto real que podría tener en un futuro no muy lejano una nave con dicha capacidad de desplazamiento.

Este tema lo estudiaremos más adelante en "Viajes espaciales". De momento podemos decir que esta velocidad es una imposibilidad de nivel II, es decir, imposible hoy día, pero posible en un futuro a medio plazo.

Por último, tenemos la velocidad de la luz que, además de ser posible en la naturaleza, nada impide con la tecnología actual construir una nave espacial que pueda viajar a casi esta velocidad, como es el caso de la nave propuesta por el físico Stephen Hawkings. Este tipo de desplazamiento para los humanos sería una imposibilidad de nivel I, es decir, imposible hoy día, pero posible en un futuro a corto plazo.

Un **año luz** es la distancia que recorre un haz de luz en un año viajando a 300.000 km/s, es decir, 9,46 billones de kilómetros.

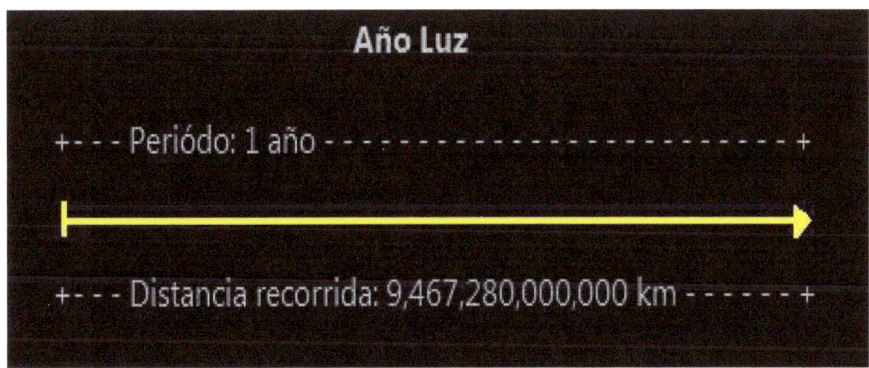

Aunque en ámbitos científicos no se emplea el año luz para medir distancias sino el **pársec** que son unos 3,26 años luz y equivale a 30,9 billones de kilómetros.

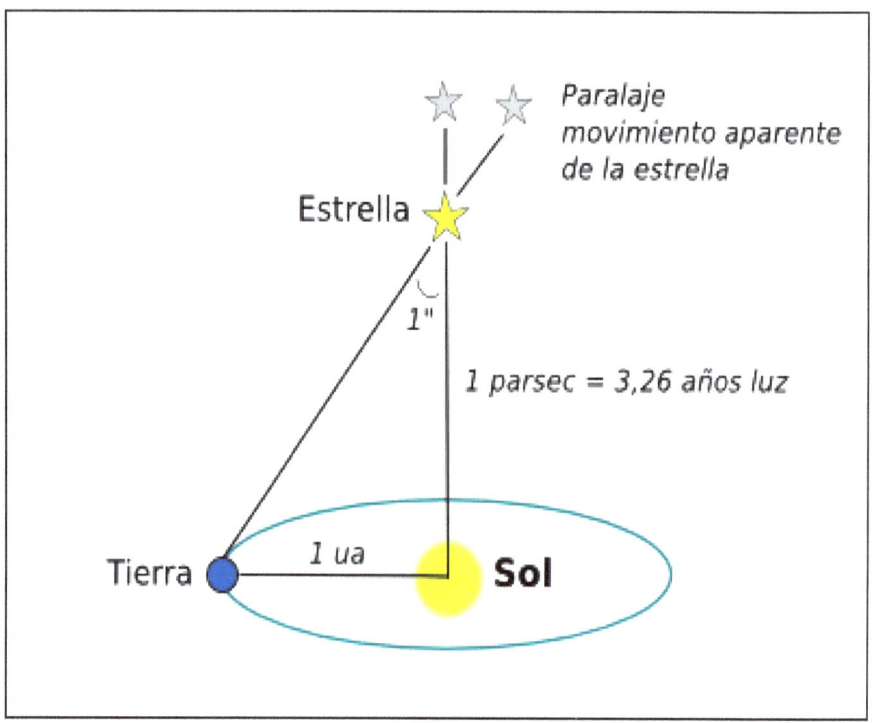

También tenemos una unidad de medida, empleada casi exclusivamente para distancias entre objetos del propio Sistema Solar, la unidad astronómica (UA).

Una **unidad astronómica** es la distancia media de la Tierra al Sol y equivale a 149.597.870.700 metros, es decir, unos 150 millones de kilómetros.

Aunque hay que tener en cuenta que el tiempo que tarda un haz de luz en viajar hasta nosotros es diferente de la distancia definida según el tamaño aparente de un objeto. Esto es debido a la curvatura del espacio-tiempo en distancias cosmológicas por la masa de los objetos que hay entre el foco de luz y nosotros. Esto se demostró a principios del siglo XXI y se denomina **constante de Hubble**, que es el que define el término **desplazamiento al rojo**.

El desplazamiento al rojo se explica de manera similar, pero con ondas sonoras con el **efecto doppler**, más conocido por todos. Éste es el cambio de frecuencia aparente de una onda sonora producido por el movimiento relativo de la fuente respecto a su observador. Por ejemplo, la sirena de una ambulancia que se aprecia claramente cómo va de un sonido más agudo a uno más grave, justo en el momento en que la ambulancia pasa al lado del observador.

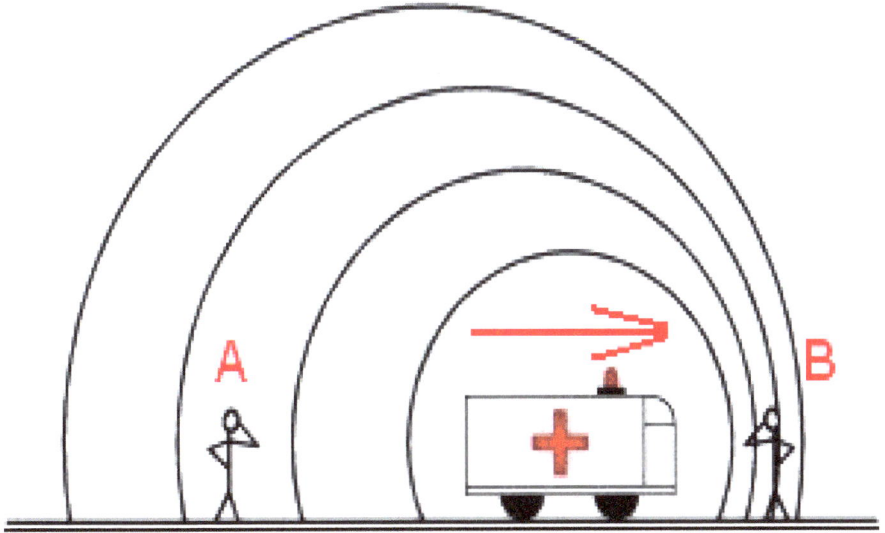

Como sabemos la luz se descompone en toda la gama de colores visibles al atravesar un prisma de Newton (un prisma piramidal).

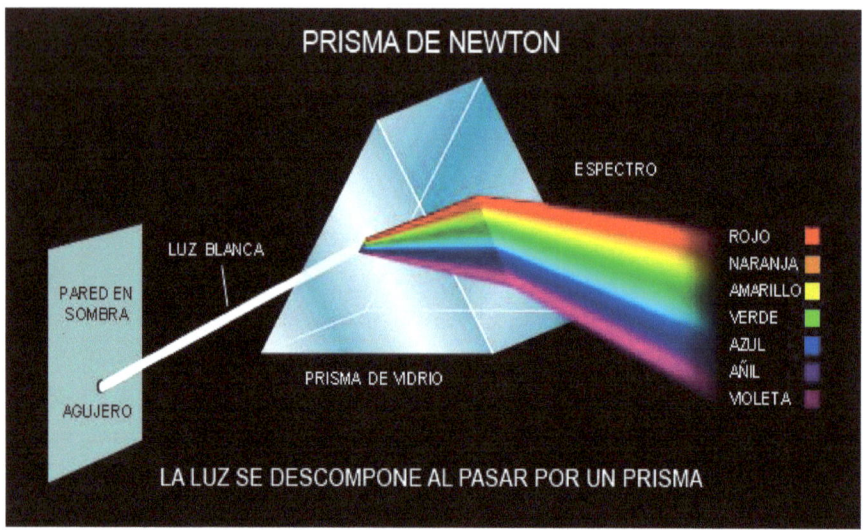

En el caso del espectro visible, si el objeto se aleja, su luz se desplaza a longitudes de onda más largas, produciéndose un corrimiento hacia el rojo. Si el objeto se acerca, su luz presenta una longitud de onda más corta, desplazándose hacia el azul.

Es decir, una estrella, galaxia o cualquier objeto en el cielo nocturno que se aleje, su longitud de onda tenderá a ser roja, mientras que una estrella que se acerque tendería a ser más azul.

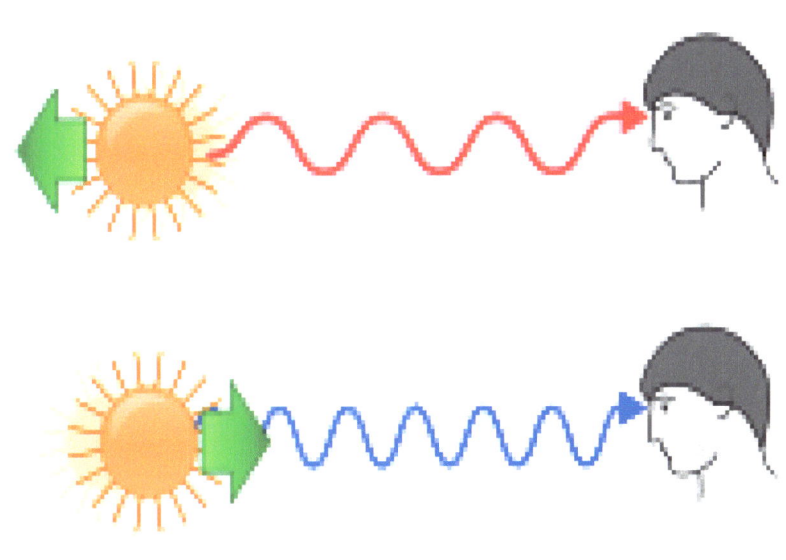
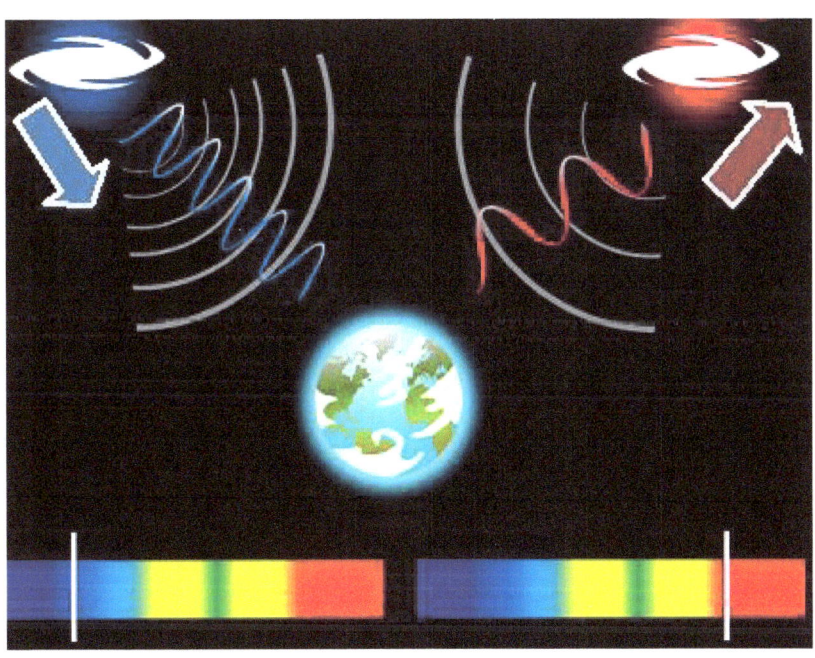

Vendría a ser algo parecido a ver venir a un coche de frente con sus luces blancas, y cuando pasa por delante de nosotros y lo vemos alejarse vemos sus luces rojas alejarse.

A simple vista, nuestros ojos son incapaces de percibir estas variaciones, por eso se emplea un aparato llamado **espectómetro**.

Si el objeto se moviera muy, muy rápido, a fracciones significativas de la velocidad de la luz, sí que sería visible al ojo humano.

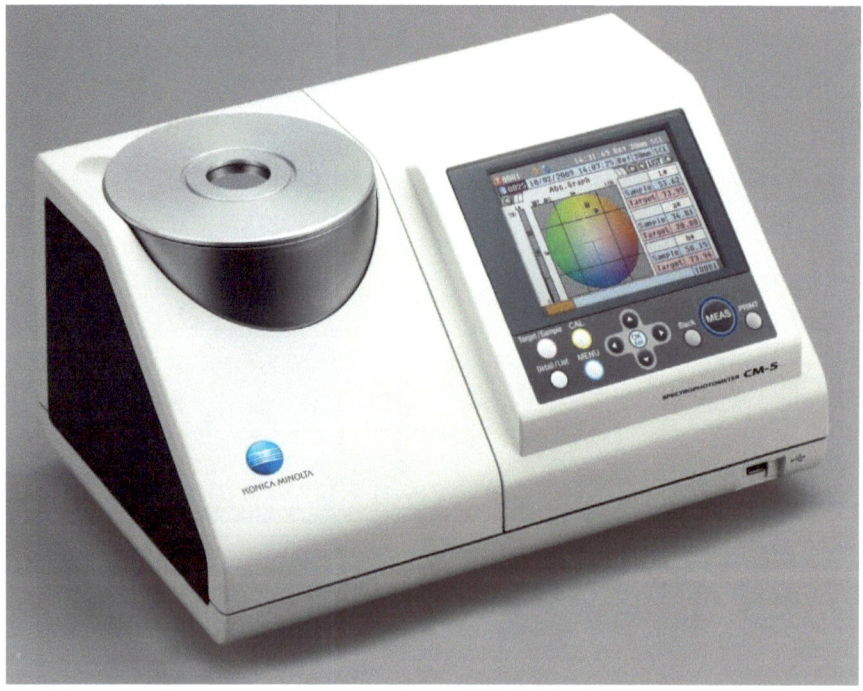

GRAVEDAD.
MALLA GRAVITACIONAL DE LAS ESTRELLAS Y PLANETAS.
TEORÍA DE LA RELATIVIDAD DE EINSTEIN.

En el siglo XVII Isaac Newton hizo el que probablemente sea el descubrimiento más importante de la historia científica de la humanidad, la gravedad.

Tanto es así que posteriores físicos como Albert Einstein continuaron trabajando con sus teorías, las desarrollaron aún más y le añadieron conceptos, pero la base, es decir, que una masa mayor atrae a otra menor sigue siendo inmutable.

Que cayese la manzana hacia el suelo era "fácil" de prever obviamente, pero que un cuerpo celeste como un planeta atrajese a otro más pequeño como un satélite no se vislumbraba tan fácilmente en el siglo XVII...

Cuanto menos que el espacio con sus tres dimensiones y el tiempo estuviesen íntimamente ligados.

Imaginemos el espacio como una malla tridimensional. Si pudiéramos situar un objeto con mucha masa en él, como un planeta, esta malla se deformaría. Es como si sobre una sábana muy estirada y lisa dejásemos un balón de fútbol, la sábana se deformaría. Si pusiésemos cerca del balón de fútbol una pelota de ping pong, ésta se vería irremediablemente atraída hacia la de fútbol por la deformación mayor que ésta tiene.

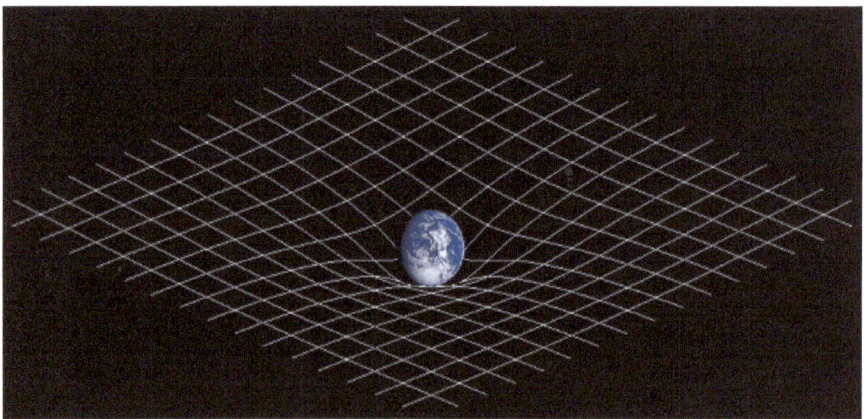

La imagen de arriba representa la deformación espacio-temporal que sufre el espacio por la masa del planeta Tierra. A mayor masa, mayor deformación. Así, la deformación que ejerce una estrella como el Sol es enorme frente a la que ejerce la Luna, por ejemplo.

Esa deformación hace que un haz de luz proveniente de una estrella que se encuentre tras el Sol pueda llegar a ser visible desde nuestro planeta.

Esta es una de las consecuencias de la teoría de la relatividad de Einstein.

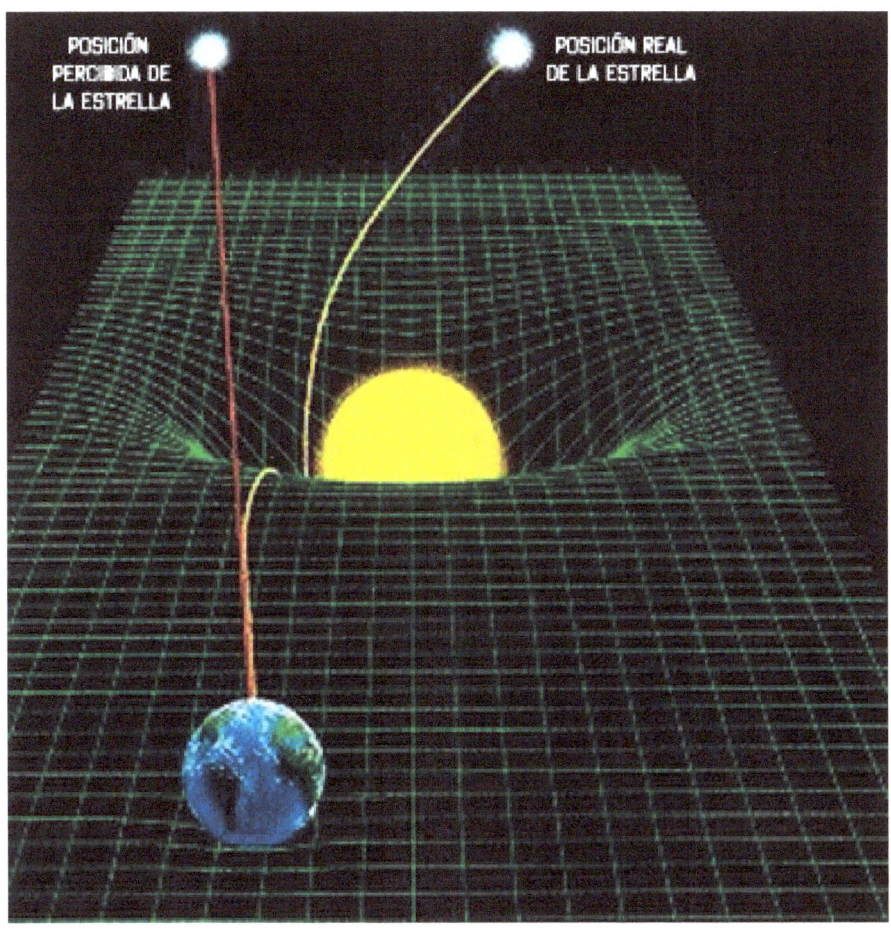

Otro efecto curioso de la relatividad general es lo ocurrido con el tiempo.

Imaginemos un viajero espacial que viaja en su nave a la velocidad de la luz, bueno, a un 99,9% de ésta, ya que físicamente es imposible ir al 100% de esta velocidad.

Pues bien, si viajase a esa velocidad un año y regresara a la Tierra, encontraría que en nuestro planeta habrían pasado millones de años, cuando para él ha pasado solamente un año.

Cuanto más rápido viajamos, más rápido pasa el tiempo para un observador externo, mientras que para nosotros pasa el tiempo con normalidad.

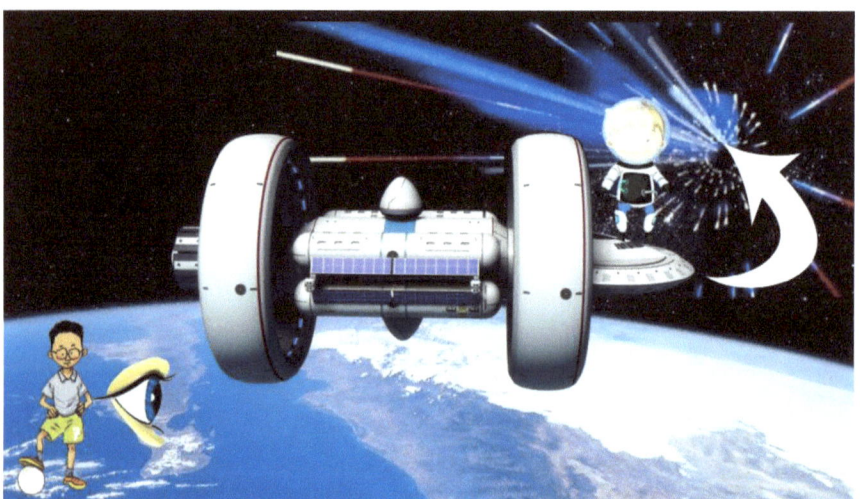

En la imagen, un astronauta parte en su nave espacial desde la Tierra a la velocidad de la luz durante dos meses. Un niño ve la noticia desde su casa.

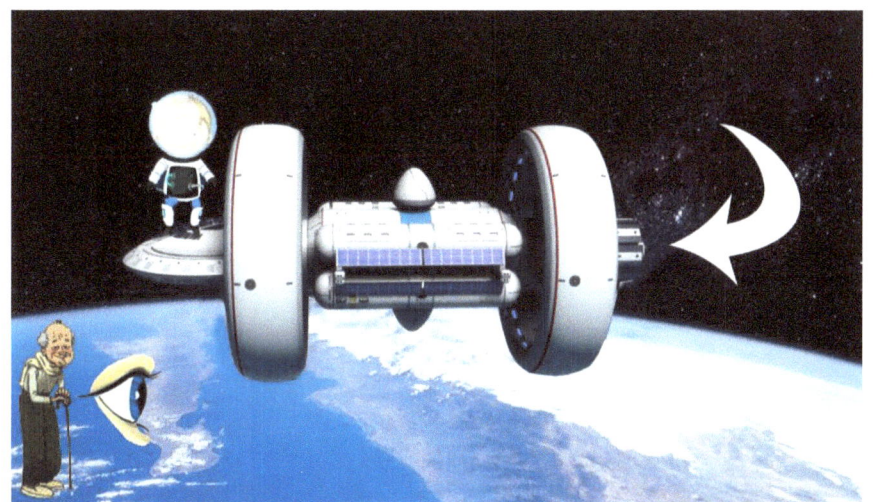

A su regreso a la Tierra el astronauta es dos meses más viejo, mientras que el niño que vio la noticia a envejecido veinte años.

Esto ocurre con los satélites que sirven para el geoposicionamiento, los GPS. Estos satélites deben modificar sus relojes para que no den posiciones erróneas de posicionamiento, que serían de hasta 7 metros si no tuvieran en cuenta la teoría de la relatividad. Debido a la velocidad a la que viajan en órbita terrestre (14.000 km/h) pueden llegar a tener un desfase de 38.500 nanosegundos, suficientes para desbaratar todo el sistema GPS.

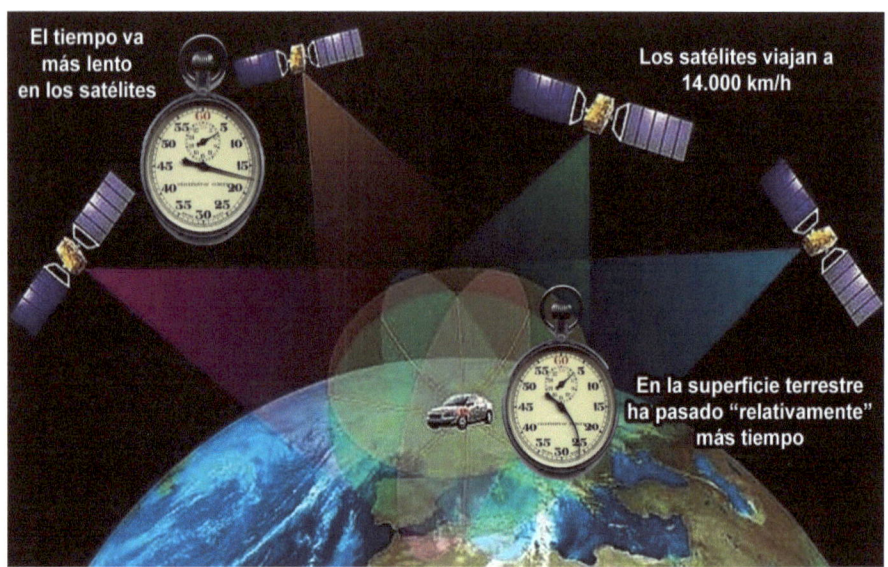

Este mismo efecto ocurre en el borde de un agujero negro, lo que se conoce como "horizonte de sucesos". Un astronauta que permaneciera minutos en su nave situado en dicho horizonte de sucesos para un observador desde una posición fuera de este horizonte pasarían décadas.

Pero, ¿por qué no se puede viajar a la velocidad de la luz?. Pues muy sencillo, en la ecuación E=mc2, E es energía, m es masa y c es la velocidad de la luz que es una constante (300.000 km/s aproximadamente). Si se viajase a la velocidad de la luz la masa sería infinita, con lo que podemos como mucho acercarnos a dicha velocidad, pero nunca igualarla.

VIDA Y MUERTE.
TODO TIENE UN PRINCIPIO Y UN FIN.

El primer principio de la termodinámica establece que la materia y la energía ni se crea ni se destruye, simplemente se transforma. Bueno, esto es válido para un estado de equilibrio, es decir, cuando la materia no puede cambiar de estado espontáneamente o por las condiciones del entorno.

En el panorama mediático ocurre que nos han acostumbrado el oído a escuchar "las estrellas nacen y mueren", y esto es una verdad a medias. Las estrellas son un cúmulo de gases a altísima presión y temperaturas que han iniciado una reacción nuclear y obviamente tienen una "vida útil", es decir, cuando el componente químico radiactivo de dicha reacción se agota, ocurre que la estrella se convierte en otra cosa, bien en un agujero negro, en un pulsar, en una super nova o en otras cosas. Procede de algo y se convierte en algo.

Para explicar la vida en nuestro planeta, si obviamos motivos alienígenas o religiosos, hay dos teorías posibles entre las que discuten los científicos.

Primera: Después de la formación del planeta por acumulación gravitatoria de rocas y estratificarse (acreción) y comenzar a girar alrededor del Sol, calentarse el núcleo y dotar al planeta de un campo magnético protector de rayos cósmicos, empezar a brotar roca fundida del interior, calentar la atmósfera, formar nubes de nitrógeno, metano y azufre, y comenzar un ciclo de lluvias, tuvimos lo que se conoce como "caldo primigenio" en el que se dieron las circunstancias de sales minerales, líquido o luz para que surgiera el primer organismo unicelular.

Éste se reproduciría exponencialmente por mitosis, evolucionaría a seres pluricelulares cada vez más complejos, algunos de estos organismos abandonaron el medio líquido, probablemente fortuitamente hasta que se adaptaron y evolucionaron en la superficie.

Algunos organismos, tanto en superficie como en esos mares comenzaron a aprovechar la luz del Sol para alimentarse junto con las sales minerales dando inicio al proceso de fotosíntesis, con lo que poco a poco y con el paso de millones de años, la atmósfera se llenó de oxígeno debido a que el planeta es lo suficientemente grande para retener por gravedad estas partículas de oxígeno.

Con la llegada del oxígeno los organismos del planeta fueron ganando en tamaño y diversidad hasta el momento de escribir la presente obra.

De hecho, el ser humano sigue en continua evolución. No hay más que observar los primeros restos homínidos de los que se tiene constancia (1,8 millones de años) y compararlos con un humano de hoy día. Somos mucho más altos y caminamos completamente erguidos (probablemente por la necesidad de controlar el horizonte), con el cráneo mucho más grande (el inicio de la ingesta de carne se corresponde con un aumento significativo del tamaño del cerebro), el mentón muchísimo más pequeño (no necesitamos unos dientes y una mandíbula tan fuertes ya que utilizamos cubiertos para comer) y sin apenas pelo que recubra el cuerpo (ya no vamos desnudos, sino que usamos ropa para protegernos del frío).

El mayor uso del cerebro hace que cada vez tengamos el cráneo más grande, así es señores, cada vez somos más cabezones. Y el mentón ciertamente es cada vez más pequeño.

Las extremidades las usamos cada vez menos con la consiguiente languidez de éstas. Caminamos menos, usamos medios de transportes y los brazos son cada vez más débiles al usarlos poquísimo.

Según estudios recientes el ser humano dentro de varios cientos de miles de años se parecerá muchísimo a la imagen que todos tenemos en la mente de un alienígena. Un ser estilizado, alargado, con una cabeza prominente con grandes ojos y un mentón reducidísimo, con unas piernas y brazos delgadísimos y alargados.

Segunda: La formación de la vida en la Tierra proviene del impacto de un asteroide, o más bien de un cometa, que colisionó con el planeta y que trajo consigo bacterias u otros organismos unicelulares o incluso pluricelulares en estado aletargado y que con el calor del impacto no sólo no se fundieron del calor provocado si no que proliferaron hasta evolucionar hasta nosotros.

La segunda teoría cobra cada vez más fuerza en el mundo científico y se realizan misiones espaciales de naves que van a cometas y asteroides a estudiarlos por si descubriesen en ellos indicios de nuestros orígenes. Todo se descubrirá con el tiempo…

Y de igual modo que la Tierra tuvo un principio, también tendrá un fin. Se sabe que el Sol nació hace unos 5.000 millones de años, lógicamente antes que los planetas, y debido a esto, los restos de gases y rocas que comenzaron a girar en torno a él comenzaron a sentirse atraídos gravitacionalmente, lo que se conoce como acreción, y terminaron por formar los planetas que conforman el Sistema Solar.

El Sol, como toda estrella, brilla por la reacción nuclear del hidrógeno que contiene, y como todo combustible, algún día se acabará. El Sol es una estrella mediana naranja-amarillenta, y se sabe que tienen una duración de unos 10.000 millones de años, por lo que nuestra estrella está en la mitad de su vida.

Cuando una estrella de su tipo empieza a agotar su energía se expande formando una gigante roja. Y se "infla" tanto que su diámetro absorbería los planetas Mercurio, Venus y la Tierra. Esto sucederá muchísimo antes de los 5.000 millones de años que le quedan al Sol.

Es decir, el fin de nuestro planeta sucedería en el momento que al Sol se le comenzase a agotar el hidrógeno y comenzase a convertirse en la gigante roja a la que está destinada. En unos 1.100 millones de años.

No sólo sería el fin de los planetas rocosos nombrados. Cuando alcance su máximo diámetro y agote sus últimas reservas colapsará y producirá una enana blanca, que dejará a la deriva al resto de planetas.

Los restos del extinto Sistema Solar; gases, rocas y material diseminado por el espacio, servirá para formar nuevas nebulosas, estrellas, asteroides, planetas y, quien sabe, seres vivos en alguno de esos planetas si se cumplen ciertas condiciones para la vida. Al fin y al cabo, el ser humano y todos los seres vivos están compuestos de los mismos elementos que el resto del universo.

UNIVERSO.

Según los últimos datos conocidos de la NASA a la hora de escribir este libro el universo nació hace 13.770 millones de año aproximadamente, con un 1% de error (120 millones de años arriba o abajo), y se encuentra en constante expansión.

Actualmente tiene una extensión de al menos 93.000 millones de años luz, es decir, 880.457.040.000.000.000.000.000 kilómetros. Más de 880 mil trillones de kilómetros.

En un caso hipotético en que se encendiese una linterna (muy potente) en un extremo del universo, tardaría 93.000 millones de años en ser visible desde el otro extremo del universo.

En este capítulo veremos como la ciencia estudia la posible formación del universo, las teorías más modernas, lo último que se sabe de ello.

Repasaremos qué es lo que la cosmología sabe o intuye que había antes de la existencia del propio universo, si es que había algo.

¿De qué está formado el universo?, parece ser que no todo lo que podemos ver es la materia que forma el universo, ahora sabemos, o hipotetizamos, con que existe algo que mantiene cohesionada la materia que vemos, es decir, una especie de materia oscura. También se ha descubierto que existen partículas de antimateria. En definitiva, cada vez que se descubre algo nuevo, un sinfín de nuevas incógnitas se vislumbran ante nosotros.

Si creíamos que teníamos bastante con estos interrogantes ahora nos preguntamos sobre la forma que tiene, y si es el único universo o existe más de uno y nosotros sólo estamos en uno de ellos.

Y por último, ¿cómo acabará todo?. Ahora los científicos también estudian si el universo continuará expandiéndose hasta que se "estire" tanto que no quede nada, o por el contrario la gravedad hará su trabajo y toda la materia empezara a juntarse de nuevo hasta llegar a un nuevo Big Bang.

 Como ves este capítulo es de lo más interesante e invita al lector a imaginar sus propias teorías e imaginar cómo puede ser la realidad o realidades del universo.

FORMACIÓN.
¿BIG BANG?.
¿QUÉ HABÍA ANTES?.

De los datos anteriores se postula una incongruencia obvia. Si el universo nació hace 13.700 millones de años en una "explosión" y se expandió más o menos uniformemente a la velocidad de la luz, lo lógico sería pensar que tuviese una extensión de 27.400 millones de años luz, es decir, 13.700 millones en un sentido y el otro. Y, sin embargo, las mediciones dan una extensión muchísimo mayor, 93.000 millones.

¿Cómo es posible? Pues por dos motivos básicamente, en primer lugar, por la propia relatividad. Sería el mismo caso que el viajero espacial que viaja a la velocidad de la luz y vuelve a la Tierra, para él ha pasado el tiempo normalmente y aquí han transcurrido miles o millones de años. Pues a la expansión del universo le pasa lo mismo, aunque en realidad haya "nacido" hace 13.700 millones de años, aplicando la relatividad vemos que tiene una expansión de 93.000 millones. También hay que diferenciar la velocidad de los objetos conocidos (cualquier tipo de materia) que la velocidad el propio espacio-temporal. La propia malla espacio-temporal no responde a los criterios de la física y se habría desplazado a velocidades infinitamente superiores a la luz.

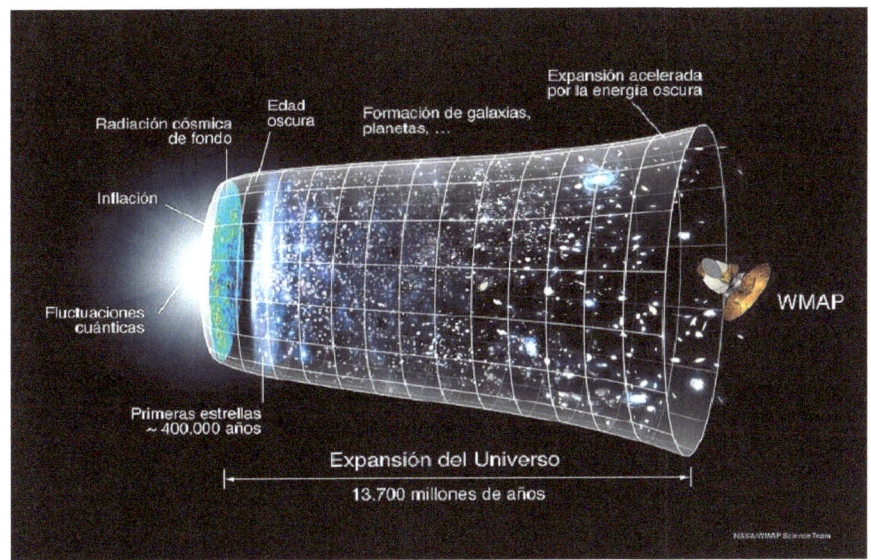

Imagen de la NASA.

En segundo lugar, se sabe que el universo sigue expandiéndose actualmente a la velocidad de la luz y que en su origen se expandió más rápido que la luz, esto en parte es debido a que hay elementos que viajan más rápido que la luz como los taquiones o los neutrinos. De hecho, un mismo taquión puede existir en dos lugares a la vez. Y hay otros elementos con singulares características.

Entre otros, estos motivos hacen que su extensión sea mucho mayor que el que debiera ser.

Pero, ¿qué había antes del universo, si es que había algo?

Últimamente se está especulando mucho acerca de este asunto y hay una legión de físicos teóricos por todo el mundo estudiando el tema.

Unos hablan de otro universo que dio paso al que conocemos, y que, a su vez, el nuestro parará su crecimiento y volverá a comprimirse hasta un nuevo big bang y así una y otra vez. A esta teoría se la denomina Big Bang-Big Crunch, pero está a punto de quedar desmentida por completo, debido entre otras cosas al descubrimiento de la radiación de fondo, que hace que se acelere cada vez más la expansión del universo.

Otros defienden que el universo continuará expandiéndose hasta que la materia se distancie y enfríe tanto que termine por desaparecer.

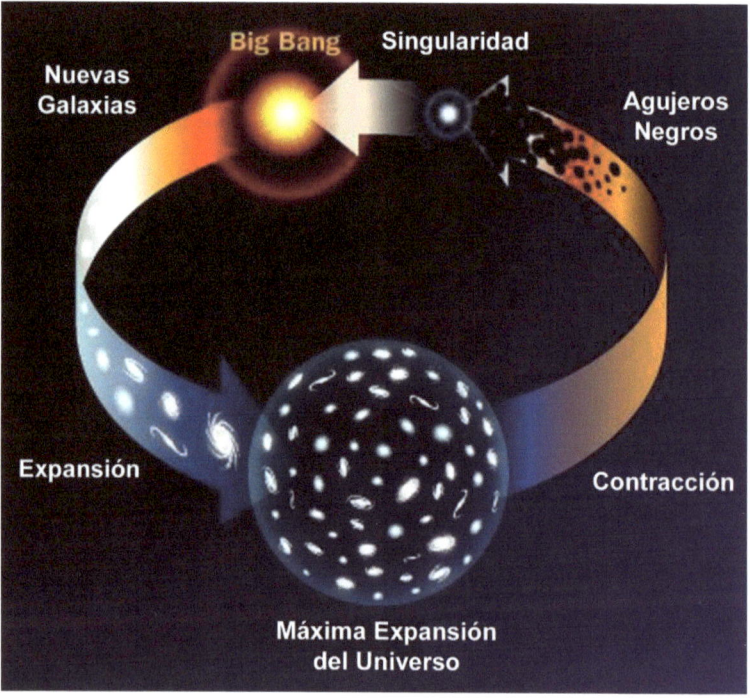

En cualquier caso, es más que probable que antes sí que hubiese algo, nada sale de la nada. Algo tuvo que provocar el big bang. Al menos así lo creemos desde nuestro conocimiento de la física.

Pero lo cierto es que ya no se habla de big bang, sino de una teoría inflacionaria, es decir, que no hubo tal explosión, si no que el universo estaba comprimido infinitamente en un falso vacío y pasó de repente al vacío real en un proceso llamado inflación. Ahora el premio Nobel de física Roger Penrose, nos dice que el Universo vive un ciclo continuo e infinito de «creaciones», pero no en el modelo tradicional de explosión-colapso (Big Bang-Big Crunch).

Según palabras del investigador Héctor Socas Navarro, Penrose postula que cada uno de los ciclos (que él llama eones) acaba con una fase de expansión acelerada que se convierte en la inflación del eón siguiente. Lo de Penrose no es una ocurrencia, es una teoría. Esto significa que ha resuelto las ecuaciones de la relatividad general y los números cuadran salvo por un factor de escala. Quiere decirse que las escalas del nuevo universo son mucho mayores, tanto en el espacio como en el tiempo.

Así, todo nuestro Universo en expansión acelerada, está camino de convertirse en lo que sería un "melón" del Universo siguiente. Y los miles de millones de años que dura esta expansión serían la breve fracción de segundo en aquel nuevo Universo.

Quizás en un futuro increíblemente distante, habrá criaturas inconcebiblemente grandes y lentas en el siguiente eón, investigando esta época en la que vivimos hoy en día, a la que quizás den el absurdo nombre de inflación y quizás la consideren el origen de su universo.

Una implicación particularmente profunda de todo esto es que, de ser cierto, estaríamos ahora mismo viviendo un nuevo big bang que comenzó hace 5,000 millones de años y lo estaríamos viendo transcurrir a cámara superlenta.

COMPOSICIÓN Y FORMA DEL UNIVERSO.

Hace años se pensaba que la forma del universo determinaría el destino del mismo. La forma que tenga continúa siendo un misterio, aunque la mayoría de los cosmólogos creen que es plano, como vaticinó Einstein.

La forma en cuestión podría ser de tres formas diferentes dependiendo de la cantidad de energía y masa que contenga, el problema es que no se sabe cuánta energía y materia tiene. Podría ser esférico, como una silla de montar o plano.

Tipo de Universo	Densidad	Forma	Destino final
Universo cerrado	Alta	Esférica	Colapso y Big Crunch
Universo abierto	Baja	Silla de montar	Enfriamiento y Big Chill
Universo plano	Crítica	Plana	Expansión decelerada

Universo cerrado: si hay demasiada materia y energía, la densidad será muy alta.

El Universo se curvará hacia dentro y tendrá forma de esfera.

Será un Universo finito. La gravedad será más fuerte que la expansión, toda la materia acabará agrupándose y el Universo colapsará.

Este final se denomina Big Crunch.

Podría tener forma de toro (matemático) o bien forma esférica.

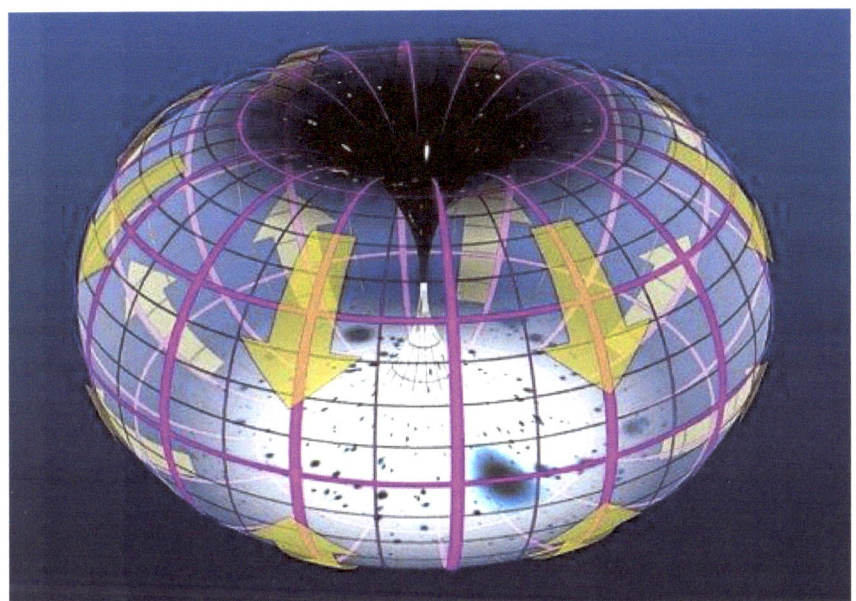

Universo abierto: si la densidad de materia y energía es muy baja, el Universo se curvará hacia afuera. Tendrá la forma de una silla de montar. Será un Universo infinito, en infinita expansión. La gravedad será tan débil que no podrá haber estrellas, ni planetas, ni siquiera átomos. La materia se separará y se desintegrará hasta quedar reducida a partículas elementales. El Universo se enfriará y morirá. Este final se llama Big Chill o Big Freezer.

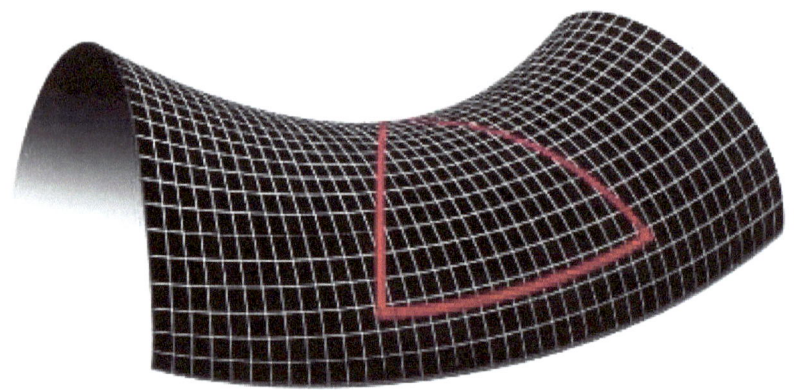

Universo plano: si la cantidad de materia y energía es la adecuada, la densidad será equilibrada. Es lo que se llama densidad crítica. Entonces el Universo será plano. La gravedad y la expansión estarán en equilibrio. El Universo se expandirá, pero cada vez más despacio.

Hoy se cree que el Universo es casi plano, pero aún existen muchas dudas, ya que está demostrado que el Universo se expande cada vez más rápidamente, y esto parece una contradicción con la teoría.

Pero, ¿de qué esta "hecho" el universo?, es decir, además de galaxias, nebulosas, planetas, estrellas y demás objetos celestes conocidos.

Pues, se estima que el 70% del universo es energía oscura. Lo que habría en el vasto espacio "vacío" entre galaxias y que tiene un efecto repulsivo que acelera la expansión del universo.

El 27% del universo sería materia oscura, regiones del espacio que no emiten ningún tipo de onda electromagnética, por tanto, no es visible a ningún espectro, de ahí su nombre. Pero se sabe de su existencia por variaciones gravitacionales de objetos como planetas o estrellas; y el resto del universo sería hidrógeno y helio, además de una ínfima proporción del universo, en torno al 0,7% lo compondrían las estrellas, los planetas, las galaxias, nebulosas y cualquier objeto visible y que conocemos en el firmamento.

Existe también otro tipo de sustancias, las que engloba la antimateria.

En física de partículas, la antimateria es la extensión del concepto de antipartícula a la materia.

Así, la antimateria es una forma de materia menos frecuente que está constituida por antipartículas en contraposición a la materia común que está compuesta de partículas.

Por ejemplo, un antielectrón (un electrón con carga positiva, también llamado positrón) y un antiprotón (un protón con carga negativa) podrían formar un átomo de antimateria, de la misma manera que un electrón y un protón forman un átomo de hidrógeno.

El contacto entre materia y antimateria ocasiona su aniquilación mutua, esto no significa su destrucción, sino una transformación que da lugar a fotones de alta energía, que producen rayos gamma, y otros pares partícula-antipartícula.

Las hipótesis científicas aceptadas suponen que en el origen del universo existían materia y antimateria en iguales proporciones. Sin embargo, el universo que observamos aparentemente está compuesto únicamente por partículas y no por antipartículas. Se desconocen los motivos por los que no se han encontrado grandes estructuras de antimateria en el universo. En física, el proceso por el que la cantidad de materia superó a la de antimateria se denomina **bariogénesis**.

La antimateria es la sustancia más cara del mundo, con un costo estimado de unos 62.500 millones de dólares el miligramo.

Debido a esto, algunos estudios de la NASA plantean recolectar mediante campos magnéticos la antimateria que se genera de forma natural en los Cinturones de Van Allen de la Tierra. Este cinturón, que se extiende desde unos pocos cientos a unos dos mil kilómetros sobre la Tierra constituye la fuente más abundante de antiprotones en las proximidades de la Tierra.

La mayor parte de los antiprotones provienen de antineutrones, que se generan cuando los rayos cósmicos impactan las capas superiores de la atmósfera.

Los antineutrones salen de la atmósfera, mientras los antiprotones tienden a congregarse en varios cientos de kilómetros sobre la Tierra, donde la materia ordinaria es tan escasa que es poco probable que se reúnan con sus homólogos de partículas, protones y por tanto se destruyan al contacto.

También otros planetas, incluyendo Júpiter, Saturno, Neptuno y Urano, deben tener cinturones similares de antiprotones. Saturno puede producir la mayor cantidad de antiprotones por las interacciones entre los rayos cósmicos, partículas energéticas cargadas del espacio, y los anillos de hielo del planeta.

Al mismo tiempo, se trabaja en mejorar la tecnología de almacenamiento de antimateria. Se está estudiando un método de confinamiento de antiprotones por radiofrecuencia, lo que podría reducir el contenedor al tamaño de una papelera.

Y todo esto ¿para qué?. Pues resulta que el mayor interés por la antimateria se centra en sus aplicaciones como combustible, pues la aniquilación de una partícula con una antipartícula genera gran cantidad de energía según la ecuación de Einstein $E=mc^2$ La energía generada por kilo, es unas diez mil millones de veces mayor que la generada por reacciones químicas y diez mil veces mayor que la energía nuclear de fisión.

Por ejemplo, se estima que sólo serían necesarios 10 miligramos de antimateria para propulsar una nave a Marte.

No obstante, hay que indicar que estas cifras no tienen en cuenta que aproximadamente el 50% de la energía se disipa en forma de emisión de neutrinos, por lo que en la práctica habría que reducir las cifras a la mitad.

Otra aplicación práctica ya está en uso, es la siguiente generación de TAC que nos hacemos en los hospitales, la Tomografía Axial Computerizada.

Pero esta nueva tecnología llamada Tomografía por Emisión de Positrones (TEP o PET en inglés) es capaz de medir la actividad metabólica del cuerpo, como el SPECT actual, pero de forma más precisa.

MULTIVERSOS. TEORÍA DE CUERDAS.

Ya que hablamos del universo, su formación y composición, debo comentar, aunque sea de manera anecdótica estas teorías que posibilitan la coexistencia de diversos universos.

El multiverso (conjunto de universos paralelos) es un escenario en el que aunque nuestro universo puede ser de duración finita, es uno de los millones que existen. Además, la física del multiverso podría permitirles existir infinitamente y habla sobre la existencia de multiversos, también conocidos como universos paralelos, que podrían convivir no solo en diferentes lugares, sino que también tiempos, materias y dimensiones, entre otras posibilidades. En particular, otros universos podrían ser objeto de leyes físicas diferentes de las que se aplican en el universo conocido.

Ejemplo de cómo sería un multiverso. Cada esfera representa un universo.

Otra teoría, la teoría de cuerdas, pronostica la existencia de partículas cuánticas más pequeñas que el átomo, y que si pudiésemos verlas en un imaginario microscópio super potente tendríamos que en realidad no tendrían forma de punto, sino de cuerda, como una goma elástica, y además estas cuerdas cuando vibran pueden conformar materias diferentes, una vez puede ser un electrón y otra un protón, conformando así toda la materia del universo.

Esta teoría nace con el propósito de unificar la teoría de la relatividad general con la mecánica cuántica, lo que se ha venido a llamar la Teoría del Todo, una ecuación que explicaría todas las leyes de la física y todas las fuerzas de la naturaleza.

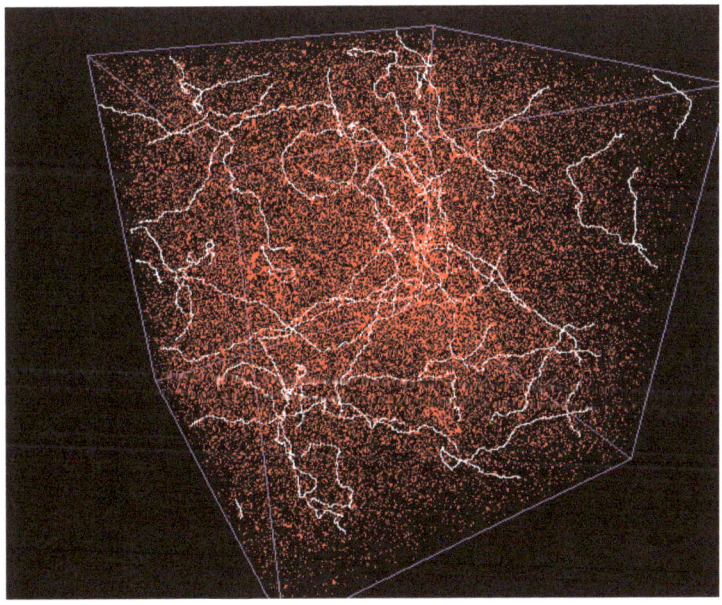

Ejemplo del mapa del universo conocido conformado por cuerdas.

GALAXIAS.
FORMACIÓN.
AGUJEROS NEGROS SUPERMASIVOS.

Unos 300.000 años después del Big Bang comienzan a agruparse las partículas de hidrógeno y helio. Cuando El resto de partículas se recompone y logra mayores pesos atómicos surgen metales y otros elementos que pueden formar gases, estrellas o planetas.

La galaxia más antígua que se conoce se formó 670 millones de años después del Big Bang.

Existen varias teorías de la formación de las galaxias aunque se pueden agrupar en dos tipos, las teorías que dicen que primero se agrupo la materia y cuando fue lo suficientemente grande esta agrupación comenzó a girar sobre sí misma debido al principio de conservación del movimiento angular y posteriormente al surgimiento de las primeras estrellas, y otras teorías dicen que primero nacieron las estrellas cuando el hidrógeno y el helio fueron lo suficientemente abundantes y estas estrellas produjeron las galaxias.

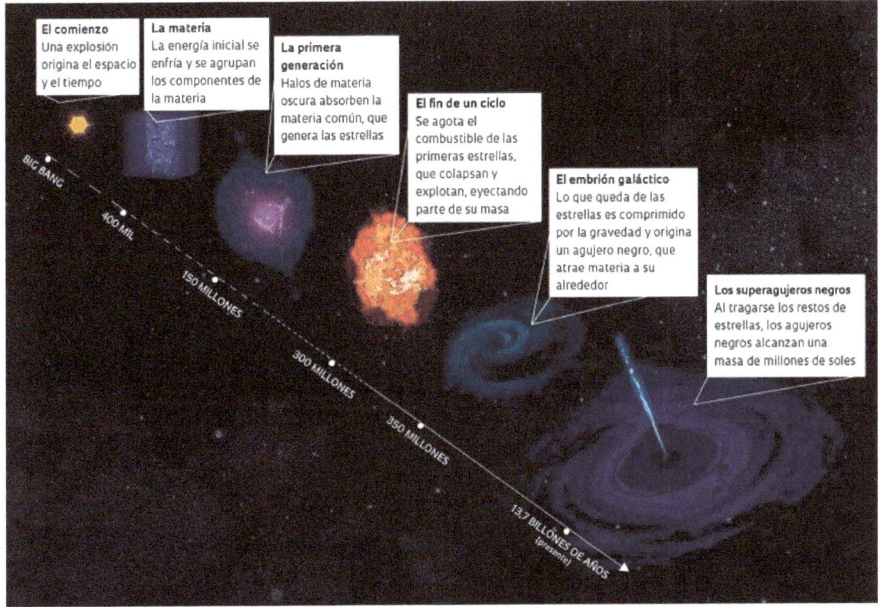

Sea como fuere estudiaremos nuestra propia galaxia para arrojar algo de luz.

European Southern Observatory. Formación de una galaxia.

La Vía Láctea comenzó como una o varias pequeñas regiones de sobredensidad poco después del Big Bang. Algunas de estas regiones eran las semillas de los cúmulos globulares, en los que perduran las más antiguas estrellas que formaron la galaxia. Estas estrellas y cúmulos constituyen en la actualidad el halo estelar de la Vía Láctea. Tras unos pocos miles de millones de años después de las primeras estrellas, la masa de la galaxia era lo suficientemente grande como para que diera vueltas con relativa rapidez, lo que condujo a que el medio gaseoso interestelar colapsase de una forma más o menos esférica a un disco plano. Por lo tanto, las siguientes generaciones de estrellas se formaron en este disco espiral. La mayoría de las estrellas jóvenes, incluido el Sol, se encuentran en este disco.

Desde el momento en que comenzaron a formarse las primeras estrellas, la Vía Láctea ha crecido mediante fusiones de galaxias (sobre todo al principio) y la acreción de gas del halo galáctico.

El material que gira en torno al centro de la galaxia es comparable al de la velocidad de la luz y contiene una masa increíblemente grande en un punto increíblemente pequeño.

De lo anterior se deduce que en el centro de una galaxia hay un **agujero negro super masivo,** y así lo verifican las observaciones que se han realizado al menos de todas las galaxias elípticas y espirales estudiadas, incluida nuestra Vía Láctea. Dicho agujero negro actuaría de motor de la galaxia, haciendo que girase.

ESA/NASA. Agujero negro super masivo en el centro galáctico

Pero, ¿qué es un agujero negro?.

Es una región del espacio de forma prácticamente esférica con una concentración de masa tal que ningún material, ni siquiera los fotones de luz son capaces de salir de él.

La región que separa el interior de un agujero negro con el resto del espacio se llama **horizonte de sucesos**, y en él tienen lugar una serie de eventos de lo más extraños. Por ejemplo, si viajásemos en una nave espacial por el horizonte de sucesos de un agujero negro y quisiéramos salir de allí, tendríamos que hacerlo a la velocidad de la luz o terminaríamos por caer dentro.

Otra peculiaridad es que, si viajásemos muy cerca del horizonte de sucesos o en él mismo, para nosotros el tiempo transcurriría más lentamente, se dilataría, mientras que para un observador exterior transcurriría mucho más rápido el tiempo, por ejemplo, si estuviésemos dos horas en dicho horizonte, para nuestras familias en la Tierra pasarían varias décadas.

Podemos detectar la presencia de agujeros negros por la radiación que emiten y por cómo curvan la luz de objetos que hay tras ellos.

El más grande detectado hasta la fecha se encuentra en el centro de la galaxia NGC4889 y mide unos 130.000 millones de kilómetros de diámetro.

Representación artística de un agujero negro.

También se ha captado una impresionante imagen de un agujero negro tres millones de veces más grande que la Tierra. Su horizonte de sucesos es ocho veces más grande que nuestro sistema solar. Es, en palabras del equipo que lo ha fotografiado, un auténtico monstruo, y se traga una estrella cada dos días.

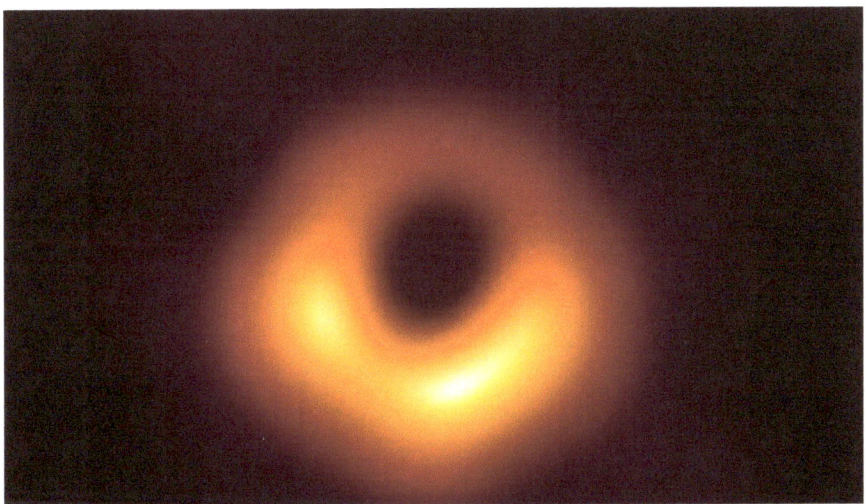

Primera imagen captada de un agujero negro por el Event Horizon Telescope.

TIPOS DE GALAXIAS.

El telescopio espacial Hubble ha reconocido unos 150.000 millones de galaxias, aunque se estima que en el universo hay al menos dos billones, con multitud de formas y tamaños. Por empezar por alguna recordaré que la nuestra es una galaxia en espiral muy típica perteneciente a un inusual cúmulo de galaxias llamado Grupo Local, en la que coexisten tres grandes galaxias (Vía Láctea, Andrómeda y Triángulo) y treinta galaxias "satélite" más pequeñas.

Nuestra "vecina" más próxima es la M31 Andrómeda situada a 2,5 millones de años luz de distancia y mucho más grande que la nuestra (más del doble), debido a la "absorción" de galaxias más pequeñas.

Según la tradicional organización de galaxias por su forma tendríamos, galaxias elípticas, espirales, lenticulares o irregulares.

Las **galaxias elípticas** tienen escasa estructura y, típicamente, tienen relativamente poca materia interestelar. En consecuencia, estas galaxias también tienen un escaso número de cúmulos abiertos, y la tasa de formación de estrellas es baja. Por el contrario, estas galaxias están dominadas por estrellas viejas.

Las elípticas son las galaxias más grandes conocidas.

Las **galaxias espirales** son discos rotantes de estrellas y materia interestelar, con una protuberancia central compuesta principalmente por estrellas más viejas. A partir de esta protuberancia se extienden unos brazos en forma espiral, de brillo variable.

Galaxia Espiral M88

Las **galaxias lenticulares** constituyen un grupo de transición entre las galaxias clípticas y las espirales. Poseen un disco, una condensación central muy importante y una envoltura extensa.

Galaxia lenticular.

Una **galaxia irregular** es una galaxia que no encaja en ninguna clasificación de galaxias de la secuencia de Hubble. Son galaxias sin forma espiral ni elíptica.

Del total de galaxias observadas hasta la fecha solo un 5 % de las galaxias brillantes reciben el nombre de galaxia irregular.

ESA/NASA. Galaxia irregular NGC 1427A

Obviamente y como el lector comprenderá existen otros tipos de galaxia, pero por ser motivo del presente manuscrito el estudio de nuestro planeta simplemente citaré que también hay galaxias activas que expulsan gran cantidad de material al medio interestelar, y sólo el 10% de las galaxias son de este tipo.

COMPOSICIÓN DE LAS GALAXIAS.

La mayor parte de una galaxia está "vacía" o formada por materia oscura, pero lo que podemos observar en cualquier longitud de onda son básicamente estrellas, nubes de gas, planetas, polvo cósmico y energía, todo ello unido gravitatoriamente y girando en torno a un agujero negro de dimensiones monstruosas.

MOVIMIENTO Y COLISIONES DE LAS GALAXIAS.

Por supuesto que las galaxias se mueven, no solamente giran sobre su propio centro, si no que se desplazan por el espacio interestelar a velocidades de vértigo, debido seguramente al propio efecto del Big Bang y a la aceleración producida por la energía oscura. La vecina Andrómeda se desplaza a una increíble velocidad de 503.000 km/h en rumbo de colisión con nuestra galaxia, lo que ocurrirá en unos 3.000 millones de años, pero aproximadamente a la mitad del recorrido, cuando esté a tan sólo 1,2 millones de años luz, es decir en unos 1.500 millones de años, se comenzarán a notar los efectos gravitacionales desgarrando ambas galaxias y formando con el paso de los miles de millones de años una galaxia común.

He comentado ya que tanto nuestra galaxia como la de Andrómeda poseen galaxias satélites más pequeñas, pues bien, ambas ya se han "tragado" varias galaxias, de hecho, siguen alimentándose de algunas absorbiendo polvo, gas, estrellas y otros materiales de algunas de ellas. Se puede asegurar que las galaxias se "canibalizan" unas a otras.

ESA/NASA. Colisión de las galaxias NGC4038 y NGC4039.

Éste es sin duda uno de los "fines" de una galaxia, aunque también puede ocurrir que el torrente de partículas generado por un agujero negro puede arrasar con una constelación cercana, como es el caso de 3C321.

También puede ocurrir que el agujero negro supermasivo del centro de una galaxia termine por "absorber" toda la materia contenida en esa galaxia, quedando únicamente dicho agujero supermasivo desplazándose libremente por el espacio interestelar a la espera de encontrar nueva materia que tragarse.

SISTEMA SOLAR.

Nuestro Sistema Solar es sólo un pequeño grupo de planetas, asteroides y cometas girando alrededor de una estrella mediana amarilla en un pequeñísimo punto de uno de los brazos exteriores de la Vía Láctea, y situada a unos 27.700 años luz del centro de la misma.

FORMACIÓN.
TEORÍA DE LA ACRECIÓN.

La teoría más aceptada por la comunidad científica es la de la formación en primer lugar de nuestra estrella, el Sol, por los mecanismos que veremos en el siguiente capítulo "Estrellas". Posteriormente los materiales circundantes al Sol comenzaron enseguida a girar en torno a la estrella. La propia gravedad atrajo los materiales más pequeños hacia los más grandes. Esta forma de incremento de tamaño de objetos se conoce como **acreción**, y es común a todos los objetos del sistema solar. Los grandes planetas como Júpiter o Saturno son un micro-sistema solar en sí mismos con más de 200 satélites Saturno y 67 Júpiter. Además, existen un cinturón de asteroides entre Marte y Júpiter y otro más allá de los planetas enanos o helados llamado cinturón de Kuiper o la nube de Oort. Restos, estos cinturones, de la materia prima que conformó los planetas de hoy día.

COMPOSICIÓN.
SOL. PLANETAS. SATÉLITES.
CINTURÓN DE ASTEROIDES.

El sistema solar se compone de una estrella amarilla al que llamamos Sol sobre el que giran 4 planetas rocosos (Mercurio, Venus, Tierra y Marte), el cinturón de asteroides con cuatro planetas enanos entre los que destaca Ceres, 4 planetas gigantes gaseosos (Júpiter, Saturno, Urano y Neptuno), algunos planetas enanos entre los que destacan Plutón, Eris o Makemake, el cinturón de Kuiper y la nube de Oort de los que proceden los cometas.

El **Sol** se formó hace unos 4.600 millones de años y seguirá siendo estable aproximadamente otros 5.000 millones de años más, momento en el que se convertirá en una gigante roja y engullirá a Mercurio, Venus y probablemente la Tierra.

Cuando se formó, la mayor parte del material se fundió en el centro dejando el aspecto actual de la estrella, mientras que el resto del material se quedó circundándola conformando el resto del sistema solar.

El Sol tiene casi el 99,9% de la masa de todo el sistema solar, siendo la masa de todos los planetas juntos, asteroides y cometas del 0,1%.

La distancia media al Sol es de 150 millones de kilómetros, lo que se conoce como una Unidad Astronómica. Su luz tarda en llegar a la Tierra 8 minutos y 19 segundos, y junto al calor que genera es la responsable del sustento de la vida en nuestro planeta.

Está compuesto principalmente por hidrógeno y helio.

Su diámetro es de 1.392.000 kilómetros y su temperatura superficial es de unos 5.500º C.

Mercurio es el planeta más próximo al Sol y el más pequeño. No tiene satélites.

Su diámetro es de 4.879 km (menos de la mitad de la Tierra).

La temperatura media es de 166º C, pero su máxima es de 427º C y su mínima de -183º C.

Venus es el segundo planeta del sistema solar y el más parecido a la Tierra en tamaño, 12.103 km de diámetro. Tampoco tiene satélites. Su temperatura media es de 463º C, siendo la máxima de 500º C y la mínima -45º C, es decir, un infierno. Pero además de la temperatura hay que destacar su presión atmosférica, 90 veces superior al de la Tierra.

Tierra es el tercer planeta, nuestro hogar y el único que alberga vida inteligente en el sistema solar. Tiene un diámetro medio de unos 12.700 km, ya que está achatada por los polos. Posee un satélite natural, la Luna (de 3.474 km de diámetro, donde se esperan ubicar bases permanentes de estudios científicos y lanzamiento para otros planetas), y más de 8.300 satélites artificiales. La temperatura media es de 14º C, siendo la máxima de 57º C y la mínima de -90º C.

Marte es el cuarto planeta, y el último de los llamados rocosos antes del cinturón de asteroides. Su diámetro es de unos 6.800 km y tiene dos satélites (Fobos y Deimos). Posee el volcán más alto del sistema solar, el Monte Olympo (21.229 metros de altura). Su temperatura media es de -46º C, siendo la máxima de 20º C y la mínima de -87º C.

Además, es motivo de estudios serios de colonización y terraformación planetaria (hacer habitable su atmósfera).

Júpiter es el quinto planeta y el primero de los planetas gaseosos. Su diámetro es de casi 143.000 km y tiene 67 satélites entre los que destacan cuatro por su tamaño y características, Io, Europa, Ganimedes y Calisto. Constituye un sistema planetario por sí mismo. Está compuesto casi exclusivamente de hidrógeno y helio (como el Sol), algunos autores afirman que si hubiese sido sólo un poco más grande habría desencadenado las reacciones nucleares necesarias para convertirse en estrella. Tiene tormentas con vientos de más de 500 km/h. Hace 300 años comenzó un huracán, visible desde la Tierra de unos 24.000 km de diámetro. Su temperatura media es de -121º C. Júpiter es el mayor responsable de la dispersión del cinturón de asteroides.

Saturno es el sexto planeta, conocido también como el señor de los anillos debido a su vistoso juego de anillos que orbitan a su alrededor. Es el segundo más grande después de Júpiter, con un diámetro de 120.536 km. Tiene unos 200 satélites entre los que destaca Titán con más de 5.000 km de diámetro y el único objeto del sistema solar junto a la Tierra con una atmósfera. Pero la suya, a diferencia de la nuestra, es de metano, conformando un auténtico ciclo del metano (como nuestro ciclo del agua) con evaporación, lluvias, ríos, océanos, lagos, continentes. Pero a temperaturas bajísimas, de -180° C. Al igual que el anterior la composición de Saturno se limita casi exclusivamente a hidrógeno y mucho menos helio. Su temperatura media es de -130° C.

Urano, el séptimo planeta tiene un diámetro de 5.118 km. También posee anillos alrededor y cuenta con 27 satélites. A diferencia de los dos anteriores es gaseoso efectivamente, pero el interior está formado fundamentalmente por hielo y roca. Su temperatura media es de -205° C. Su inclinación es prácticamente de 90° estando sus polos norte y sur donde en el resto de planetas está el ecuador.

Neptuno, el último de los planetas propiamente dichos, es también un gigante gaseoso de 49.572 km de diámetro. La temperatura media es de -220° C y tiene 14 satélites. Su composición se parece bastante a Urano, y como éste difiere mucho de Saturno y Júpiter. También posee anillos.

Planetas enanos. En esta categoría entran los cuerpos que orbitan alrededor del Sol y no son satélites de otros cuerpos y sobretodo, que no han limpiado la vecindad de su órbita, es decir, están rodeados de polvo, asteroides y otros cuerpos menores.

Aquí encontramos a **Ceres** en el cinturón de asteroides, entre Marte y Júpiter, de unos 975 km de diámetro. También, y el más conocido sea **Plutón**, situado en el **Cinturón de Kuiper**, más allá de Neptuno, con un diámetro de 2.370 km. **Eris**, su vecino, o **Makemake**.

ESTRELLAS.

Una estrella es básicamente una esfera gaseosa con una masa increíblemente grande que hace que su presión y temperatura formen plasma y genere luz, calor y otras formas de radiación.

Las estrellas están directamente relacionadas con la formación y desarrollo de la vida en el universo. Sin su energía, de una manera o de otra, no se concibe que proliferen formas de vida.

Siempre se dijo que hay más estrellas en el universo que granos de arena en el mundo, nada más lejos de la realidad. Si bien es cierto que hay muchas estrellas, hay muchísimos más granos de arena. Sólo en nuestra galaxia, la Vía Láctea, hay una media de 300.000 millones de estrellas, y nuestro Sol es una más y de las más comunes.

Los últimos datos dan 600.000.000.000.000.000.000.000, es decir, 600.000 trillones de estrellas.

FORMACIÓN.

Como hemos adelantado anteriormente una estrella se forma por la unión de hidrógeno y helio. Y cuando se hace tan grande que su presión y temperatura son enormes comienza una reacción nuclear en su interior del hidrógeno en helio. La enorme gravedad hace que se mantenga su forma de burbuja y no se escape la materia, mientras que el plasma interior "empuja" hacia fuera luchando por salir. Estas enormes fuerzas contribuyen a la fusión termonuclear que surge en su interior y se abre paso hacia el exterior para expandirse por el espacio.

La mayoría de las estrellas tienen entre 1.000 y 10.000 millones de años, aunque se han descubierto estrellas de 13.200 millones de años, muy cerca de la edad misma del universo ($\pm 13.700 \times 10^6$ años).

TIPOS. TAMAÑO. BRILLO (MAGNITUD). DISTANCIA.

Encontramos básicamente tres tipos de estrellas según la edad que tengan, blancas o azules, amarillas o naranjas, y rojas.

Aquí es importante hablar de tres conceptos importantes: el **tamaño** de la estrella, su **magnitud**, y la **distancia** a la que se encuentra desde la Tierra.

El tamaño: Aquí encontramos desde enanas blancas, hasta gigantes e hipergigantes pasando por todo tipo de tamaños. La nuestra, el Sol, es una estrella enana amarilla. La estrella más grande conocida hasta la fecha es la hipergigante roja UY Scuti con 4.757.408.544 kilómetros de diámetro (5.000 millones de veces el Sol), aunque esta distinción va cambiando conforme se descubren nuevas estrellas. Para que nos hagamos una idea del tamaño de esta estrella, si quitásemos a nuestro Sol y pusiésemos a UY Scuti en su lugar, Mercurio, Venus, la Tierra, Marte, Jupiter y Saturno quedarían directamente dentro de la esfera de la estrella, y Urano sería casi absorbida también a pesar de estar a casi 2.871.000.000 kilómetros del centro del Sol, aunque es seguro que tanto Urano como Neptuno y los planetas enanos como Plutón o Makemake terminarían más pronto que tarde por ser absorbidos por esta monstruosa gigante.

La magnitud es el brillo de la estrella que nos llega a la Tierra, siendo un valor cuanto más negativo más brillante.

La distancia es importante porque nos permite literalmente viajar en el tiempo cada noche. Cuando miramos al cielo nocturno y vemos todas esas estrellas, en realidad lo que estamos viendo es la luz que nos llega de ellas a la Tierra desde que salió de la estrella y ha estado viajando a la velocidad de la luz todo ese tiempo. Así, una estrella que se encuentra a 4 millones de años luz en realidad es 4 millones de años más vieja que la luz que estamos viendo de ella. Y una estrella o galaxia que vemos a 13.000 millones de años luz, es muy posible que ya no exista, aunque su luz nos sigue llegando. Desde que la luz salió de la estrella han pasado 13.000 millones de años hasta que ha llegado a nosotros.

Las estrellas blancas o azules (no confundir con las enanas blancas, que son el "residuo" de una estrella) suelen ser las más jóvenes y las que más brillan, aunque estén más lejos que otras amarillas o rojas, tienen una magnitud tremenda como es el caso de Sirio, el objeto más brillante del cielo tras el Sol, la Luna, Venus y la Estación Espacial Internacional (ISS por sus siglas en inglés, International Space Station). Sirio está a 8,6 de años luz.

Las estrellas amarillas suelen ser de tamaño medio y están en la mitad de su ciclo vital. A este grupo pertenece nuestro Sol.

Las rojas son estrellas gigantes que han agotado su hidrógeno y se han expandido. Tienen mucho menos temperatura superficial y magnitud. Altair situado a 16,73 años luz es un ejemplo.

Los objetos más brillantes observables desde la Tierra son:

Nombre	Magnitud	Distancia (en años luz)	Tamaño en Km
Sol	-26,8	0,000015	1.392.000
Luna	-12,6	0,0000000428	3.474
ISS	-5,9	0,0000000000423	0,11
Venus	-4,4	0,0000114	12.103
Sirio	-1,46	8,6	1.191.000.000

COMPOSICIÓN.

La composición de una estrella está muy ligada a la edad de la misma. Así, por ejemplo, una estrella muy joven tendrá más metalicidad que una más vieja.

Teniendo en cuenta los núcleos atómicos tendríamos que, como hemos dicho que el 90% sería hidrógeno y el 10% helio.

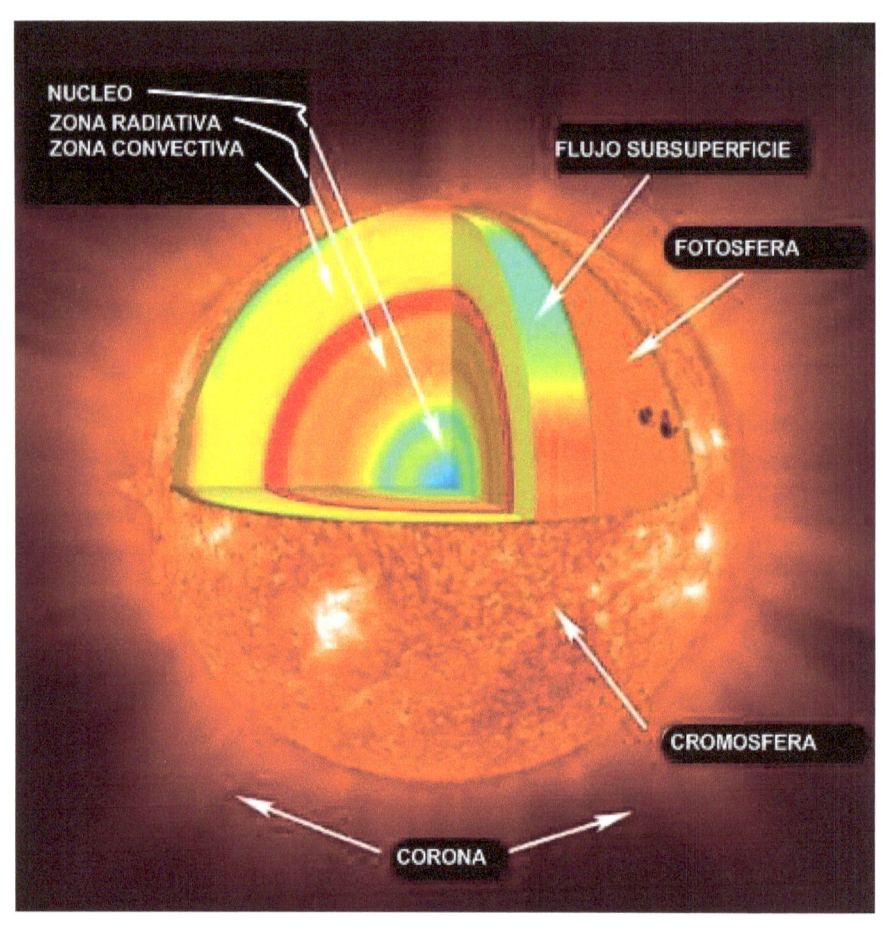

Interior del Sol

MOVIMIENTO DE LAS ESTRELLAS. OSCILACIÓN JUNTO A UN PLANETA.

Las estrellas a pripori parecen estar estancadas en el centro de sus sistemas planetarios.

Aparentemente, es decir, desde esos planetas, así parece. Nada más lejos de la realidad. Como hemos aprendido ya en los capítulos anteriores todo en el Universo es movimiento, dinámico, cambiante, transformación, todo, incluidos nosotros, los que nos creemos "todo poderosos" y "súper inteligentes", los seres humanos.

Antes comentamos que, por ejemplo, la galaxia de Andrómeda viaja hacia nosotros a la nada desdeñable velocidad de 503.000 km/h. Esto quiere decir que nuestra galaxia también se desplaza, y con ella todas sus estrellas, planetas y todo el material que engloba, claro está. Por tanto, podríamos decir que las estrellas por supuesto que tiene un movimiento de "*traslación*" a través del Universo a una velocidad de vértigo que nosotros somos incapaces de percibir.

Pero es que también tienen movimiento de *rotación*, vestigio de todos los cuerpos del espacio que se han formado por movimientos circulares gravitatorios atrayendo material.

Y el último movimiento, descubierto relativamente hace poco y del que hablaremos más adelante en el capítulo de exoplanetas, es un pequeño movimiento de *oscilación* que experimenta la estrella cuando un planeta gira a su alrededor, provocado por la fuerza de la gravedad del planeta, que, aunque ínfimo comparada con la de la estrella, suficiente para crear esa oscilación en su estrella. Pero como hemos dicho hablaremos de ello próximamente.

FIN DE UNA ESTRELLA. SUPERNOVA. HIPERNOVA. AGUJEROS NEGROS. QUÁSARES. ETC

Todos hemos escuchado la famosa frase "Estamos hechos de polvo de estrellas", y no le falta del todo a la razón.

Y es que cuando una estrella muere, genera otro tipo de materiales que son "aprovechados" para originar otras estrellas o planetas, y casi todo el material de esos planetas, o al menos gran parte de él, es utilizado para formar esos planetas. Al proceder nosotros mismos de los elementos químicos necesarios para formar la vida que a su vez proceden de esas nubes de polvo y materiales arrojadas por la explosión de una estrella, se podría afirmar que procedemos de ese material estelar.

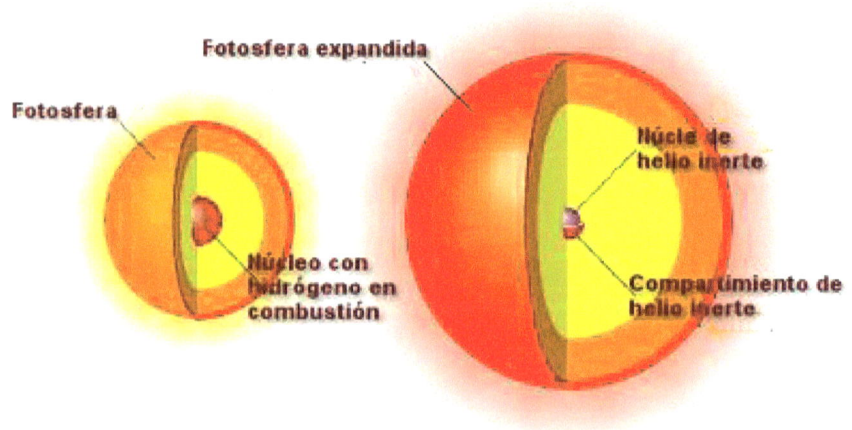

Comparación de una estrella joven y una vieja

Cuando una estrella agota su hidrógeno, comienza a expandirse y forma una gigante roja que seguirá expandiéndose a una súper gigante o bien evolucionará a una **nebulosa planetaria**.

Si es el caso de la súper gigante roja lo más probable es que explote, lo que se conoce como una **nova**, y que su material salga despedido en todas direcciones y con el tiempo entre a formar parte de otros sistemas planetarios o estelares, o ellos mismos formen otras nuevas estrellas. Si es muy grande, tiene mayor masa y temperatura puede terminar en una explosión infinitamente superior a la nova, llamada **supernova** o **hipernova**. Esta última es más que probable que colapse y termine formando un **agujero negro**.

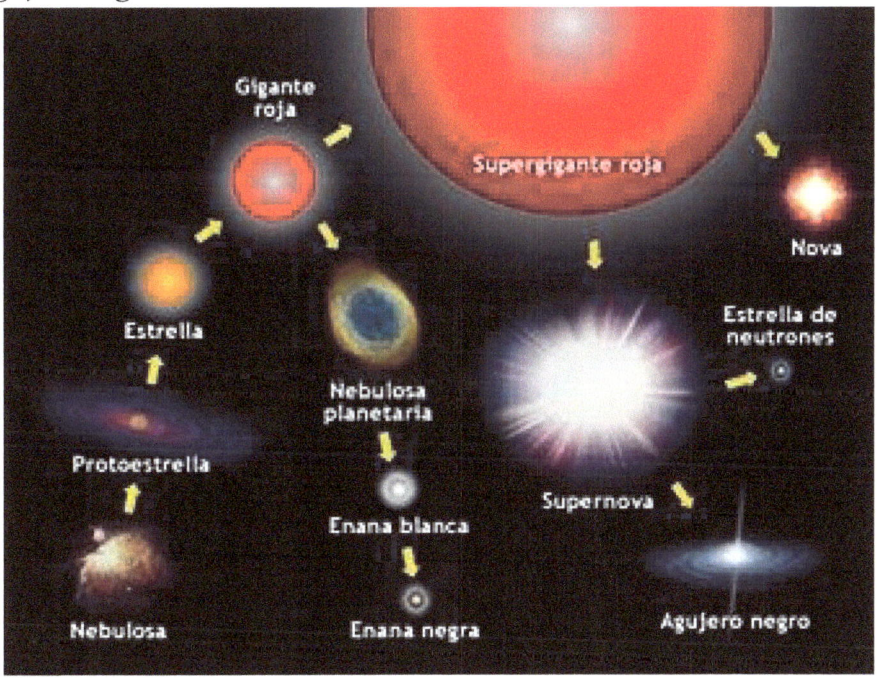

Ciclo de vida de una estrella

En ocasiones la supernova da origen a una **estrella de neutrinos**, que tiene un diámetro realmente diminuto, unos 20 kilómetros, con un núcleo líquido de neutrones u otras partículas recubierto de una estrecha corteza sólida de hierro.

Por nombrarlos, dentro de las estrellas de neutrones tenemos un tipo llamado **púlsares**, que son las que emiten radiación periódica con un campo magnético enorme.

En el caso de que la gigante roja no evolucione a una super gigante roja, sino que lo haga a una nebulosa planetaria, es muy probable que esta evolucione a una **enana blanca** y ésta a una **enana negra**.

Las enanas blancas son estrellas de una muy poca luminosidad de color blanco. Su materia está tan comprimida que los átomos se pegan entre sí. Tendrá una densidad increíble. Una cucharada de esta pesaría 100 kg.

Pero esta continuará consumiendo su propia energía hasta convertirse en una enana negra, un cuerpo frío en invisible.

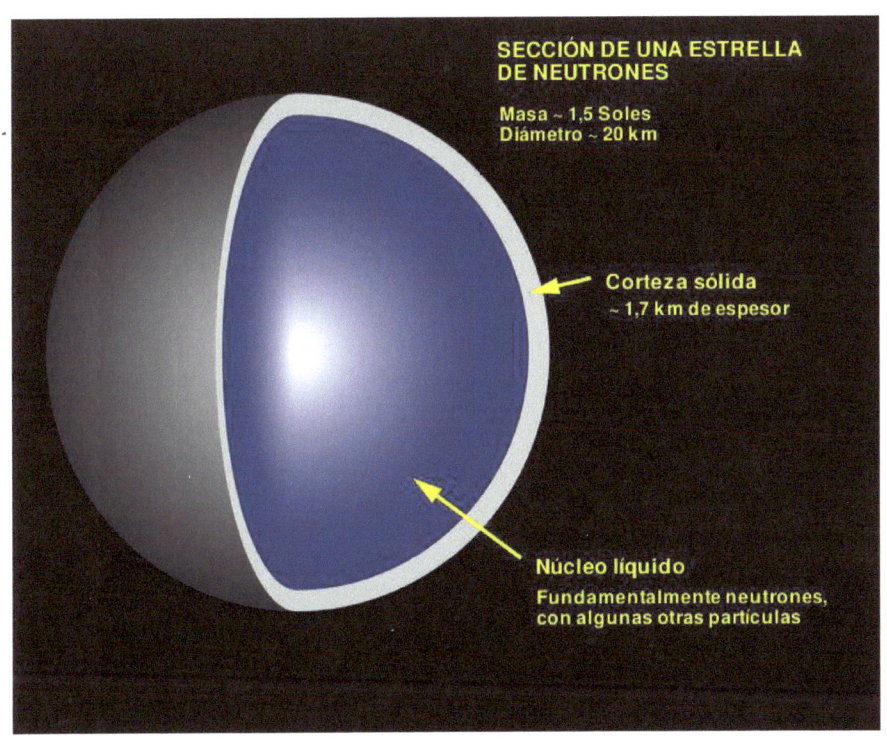

Estrella de Neutrones

OBJETOS ERRANTES.

Por objeto errante diremos que son todos aquellos objetos que se desplazan por el espacio y que no están sujetos directamente a la gravedad de ningún planeta o estrella.

Así tendríamos asteroides, cometas, meteoros y meteoritos.

- ASTEROIDES.

Un asteroide es un objeto de dimensiones muy variables, desde unas decenas de metros a 1.000 km. Es más pequeño que un planeta, pero más grande que un meteorito.

La mayoría de los asteroides se encuentran entre Marte y Júpiter formando lo que se conoce como Cinturón de Asteroides, aunque ese cinturón no es ni mucho menos una frontera infranqueable si no que hay distancias enormes entre los asteroides que allí se encuentran.

Si se juntasen todos los asteroides de este cinturón, su masa sería tan solo del 5% de la de la Luna. Si bien es cierto que algunos de estos como Ceres, si llegase a impactar con la Tierra causaría sin duda la destrucción de la vida en nuestro planeta. Aunque esto es realmente difícil que ocurra en la actualidad, dado que el Sistema Solar se ha "limpiado" bastante de estos objetos, y los grandes impactos en planetas que tenían que ocurrir ya han ocurrido en el pasado.

No obstante, hay telescopios en el mundo que se dedican exclusivamente a seguir estos objetos que podrían ser potencialmente peligrosos.

- COMETAS.

Los cometas son objetos formados por polvo, hielo y roca que circulan orbitando alrededor del Sol con trayectorias muy dispares.

A diferencia de los asteroides un cometa tiene orbitas que los acercan mucho al Sol, momento en que se produce una leve atmósfera que la rodea compuesta de gas y polvo que forman la **coma** o **cabellera** de los cometas al acercarse al Sol. A medida que se acerca más el viento solar azota la cabellera ionizándola y formando la famosa **cola** visible desde la Tierra.

- **METEROIDE. METEOROS. BÓLIDOS.**

Un **meteroide** es un objeto de hielo o roca de pocas de cenas de metros como mucho que suelen ser restos de algún cometa o de la formación del Sistema Solar.

Si ese meteroide penetra en la atmósfera terrestre se vuelve incandescente debido a la fricción y se denomina **meteoro** o mal llamado **estrella fugaz**, ya que no es ninguna estrella obviamente.

Los más grandes y luminosos se llaman coloquialmente **bólidos** o **bolas de fuego** y a veces producen un ruido similar al de una bala de cañón al pasar la barrera del sonido.

Ninguno de estos tres llega a colisionar con la superficie del planeta.

- METEORITOS.

Un meteoroide que llega a caer sobre la superficie terrestre se denomina **meteorito**.

Casi el 90% de los meteoritos que caen sobre la Tierra son **condritas**, compuestas principalmente por silicatos y pequeñas cantidades de material orgánico como aminoácidos y granos presolares. Estos meteoritos pudieron ser los desencadenantes de la vida en la Tierra, tanto si ayudaron en la formación de la misma como directamente.

Hay otros tipos de meteoritos como las **acondritas**, que son como las rocas ígneas terrestres, los cuales se cree que provienen de Marte.

El resto son fundamentalmente metálicos y conglomerados pedregosos-metálicos.

El mayor meteorito conocido en el mundo se encuentra en Namibia y mide 2,7x2,7x0,9 mtrs, pesa alrededor de 60 toneladas, 50 de las cuales es puro hierro. Es la mayor masa de hierro del mundo, y si te pones de pie sobre él tu voz adquiere un tono metálico, como si fueras un robot.

El meteorito más grande del mundo en Namibia.

LA CARRERA ESPACIAL.

Desde los albores de la humanidad hemos admirado el vuelo de las aves. Hemos anhelado surcar el cielo, movernos entre las nubes, alcanzar la Luna, el Sol y otros planetas. Algunos de esos sueños los hemos cumplido, otros están a punto de cumplirse.

El comienzo de nuestros primeros pasos por el cielo puede datar del siglo XVIII cuando inventamos el globo aerostático. Con un poco de ingenio y matemáticas más avanzadas ya en el siglo XIX se hicieron los primeros intentos de hacer volar un aparato con alas, pero no fue hasta principios del siglo XX cuando se voló un avión más pesado que el aire.

La auténtica carrera espacial comenzó con el lanzamiento por parte de la antigua Unión Soviética del satélite artificial Sputnik 1 el 4 de octubre de 1.957, a la que siguieron un buen número de proezas. Rusia y Estados Unidos se embarcaron en una carrera armamentística y científica para ver quien tenía la hegemonía.

Pero podemos afirmar que todo fue gracias a la aparición de los primeros aviones de propulsión a chorro que sustituyeron a los antiguos turbohélices y los misiles cohetes de la segunda guerra mundial.

Tristemente y como suele ser habitual, hizo falta una gran guerra para agudizar el ingenio para sobrepasar las fuerzas del enemigo. Y en este intento, un alemán, Wernher Von Braun, diseñó un cohete basado en teorías del ruso Tsiolkovski en 1880 y adaptaciones del estadounidense Goddard en 1926. Von Braun fabricó un cohete, el A4 y posteriormente el V2, capaz de realizar un vuelo suborbital, alcanzar los 300 km de distancia y cargarlo con hasta 1.000 kg de explosivos.

Estos fueron los precursores de los cohetes espaciales modernos.

Tras la segunda guerra mundial, las dos súper potencias, Estados Unidos y la Unión Soviética, se enzarzaron en una carrera armamentística y tecnológica para ver quién era el mejor. Los rusos dominaron y ganaron todas las "batallas" lanzando el primer satélite al espacio (el sputnik 1), al primer ser vivo (la perrita Laika), el primer ser vivo en orbitar la Luna (unas tortugas), el primer ser humano (Yuri Gagarin en 1961), la primera mujer (Valentina Tereshkova en 1963), fueron los primeros en llevar al espacio a tres personas a la vez y sin traje espacial, también los rusos fueron los primeros en realizar un paseo espacial, es decir, salir de la cápsula con un traje espacial, flotar en el espacio y volver a la cápsula. Enviaron la primera sonda a la Luna, fueron los primeros en lograr que una sonda alunizara en su superficie.

Pero los estadounidenses, aún perdiendo todos los hitos anteriores, fueron los primeros en llevar a la Luna a seres humanos. Neil Armstrong fue la primera persona en pisar otro mundo al bajar de la nave Eagle y caminar por la Luna con su famosa frase: *"Es un pequeño paso para el hombre, un gran paso para la humanidad"* el 20 de julio de 1969.

Lo consiguieron gracias al cohete más grande jamás ideado por el hombre, el Saturno V, con más de 110 metros de alto. En su cúspide, tres valientes astronautas dispuestos a llegar a la Luna en un viaje de tres días para atravesar los 384.400 kilómetros que nos separan de nuestro satélite a una velocidad de 40.000 km/h.

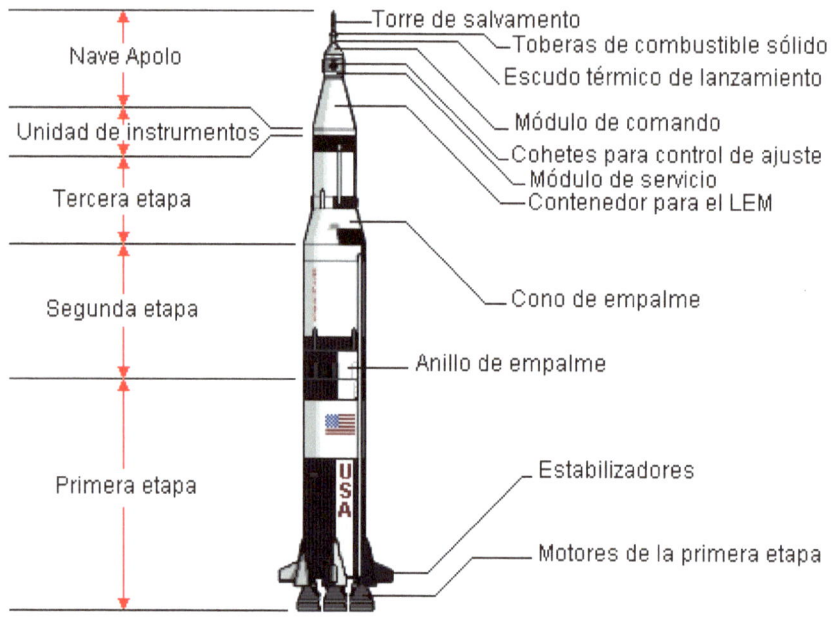

NASA. Diagrama del cohete Saturno V

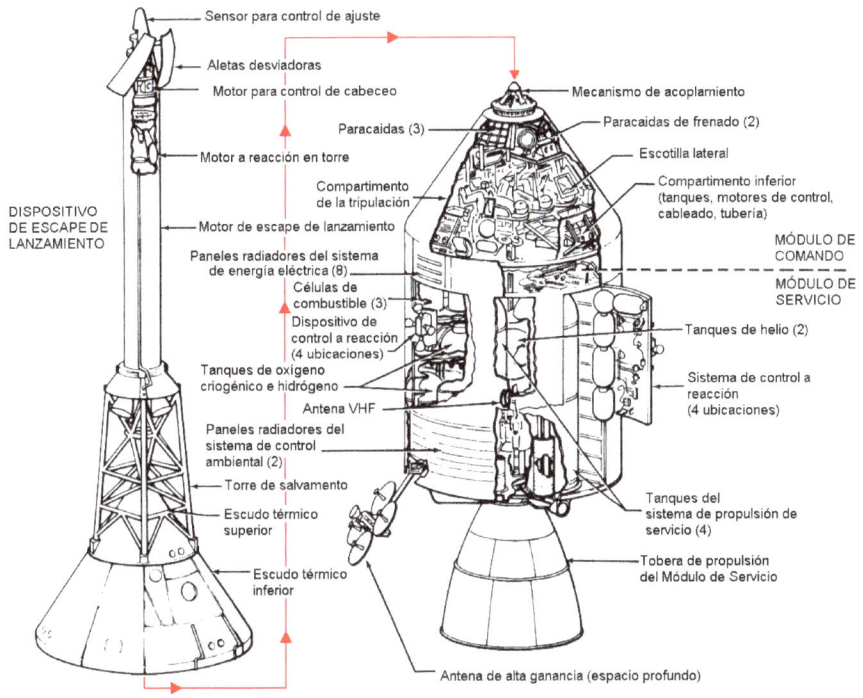

NASA. Módulos de Comando y Servicio del Apolo y Sistema de escape

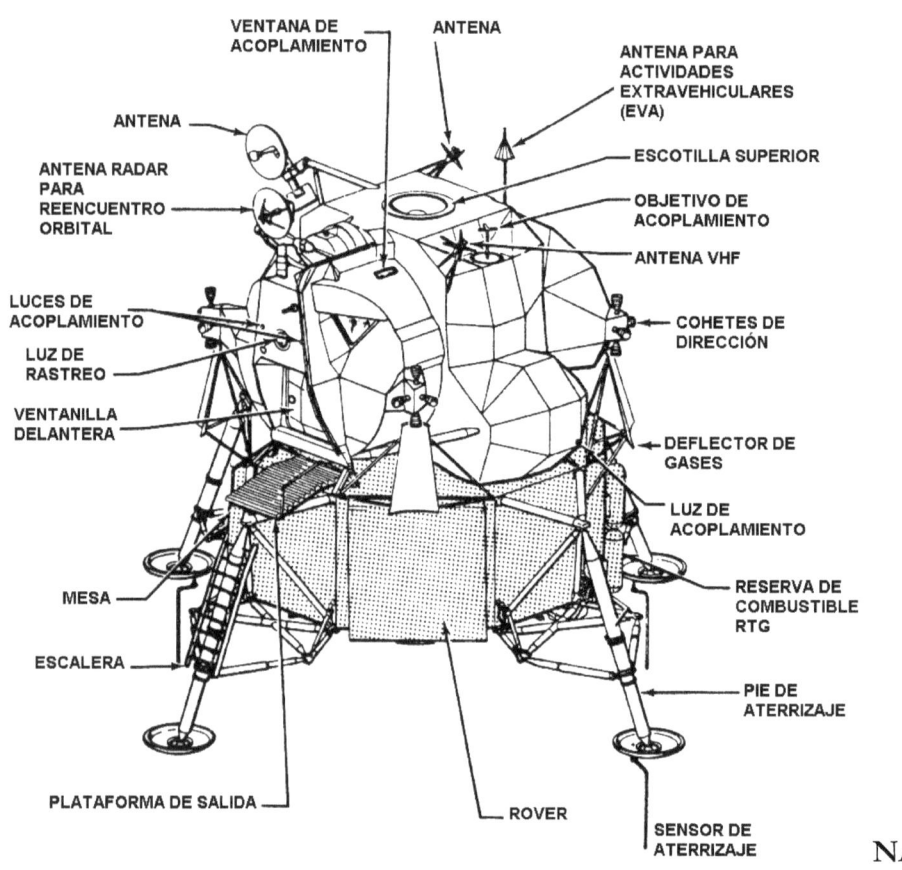

SA. Modulo lunar

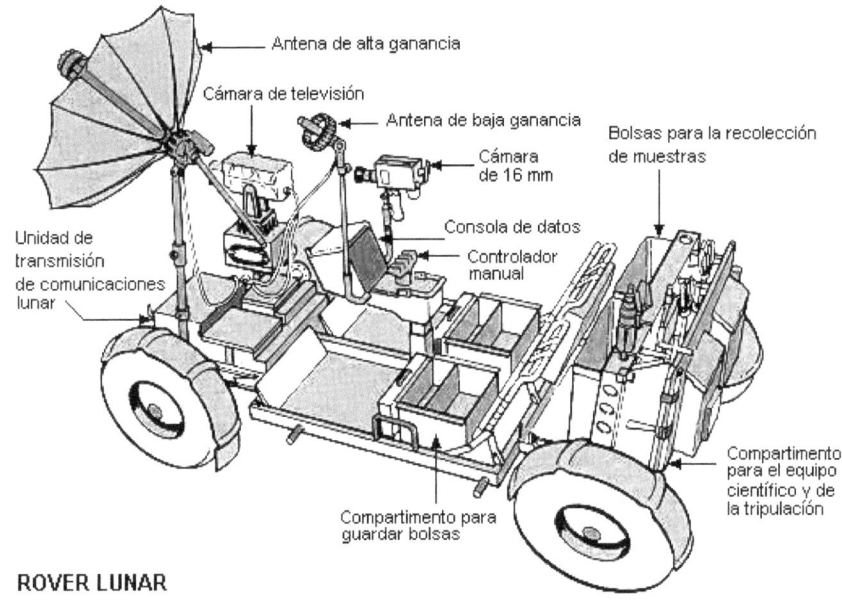

ROVER LUNAR

Las misiones Apollo fueron un éxito, a excepción de la misión fallida 13, en la que hubo que traer de vuelta a los tres astronautas en una arriesgada misión de retorno.

Una vez finalizada la última misión el 11 de diciembre de 1972 se abandonó progresivamente el interés (y el presupuesto) en la Luna. Estados Unidos había ganado la carrera espacial a los soviéticos situando a varios hombres sobre la superficie lunar. No tenían "necesidad" de seguir enviando misiones tan caras allí para traer rocas.

NASA. Rover lunar del Apollo 17

Hubo que esperar a la llegada de las lanzaderas espaciales para que el público retornara la ilusión por el espacio, que no por los viajes espaciales, ya que las lanzaderas sólo podían orbitar a la Tierra a una velocidad de unos 28.500 km/h. Y estas se utilizaron para la construcción de la Estación Espacial Internacional (ISS por sus siglas en inglés) y la puesta en órbita de numerosos satélites y telescopios espaciales como el Hubble.

NASA. Primer transbordador espacial, el Enterprise.

Tanto Estados Unidos como la Unión Soviética construyeron sus respectivas naves, con parecidos dudosamente asombrosos.

La diferencia más notable quizás sería la ausencia de cohetes propulsores en el modelo ruso.

Europa también contribuyó a la idea de realizar un transbordador espacial propio, el Hermes, pero no llegó a realizarse. Aunque la agencia europea ESA no desespera y continúa trabajando en el proyecto, habiendo realizado ya numerosas pruebas con éxito. Se espera que estas nuevas naves sustituyan a las viejas y difíciles de controlar Soyuz rusas.

ESA. Transbordador espacial en construcción

La NASA abandonó el programa de transbordadores espaciales en 2011.

ESTACIONES ESPACIALES.

Una vez se desechó la idea de visitar otros planetas con personas, se decidió construir estaciones espaciales que orbitasen la Tierra para realizar estudios científicos y que sirviese de plataforma para futuras misiones interplanetarias.

Con este propósito surgieron la SkyLab, la Mir y la Estación Espacial Internacional.

La SkyLab fue la apuesta estadounidense por adelantarse definitivamente a los rusos lanzando su primera estación espacial. Estuvo operativa desde 1973 a 1979. Era un cilindro lo suficientemente grande para albergar a tres astronautas y que pudieran hacer ejercicio en una plataforma en forma de anillo, una especie de mesa a modo de comedor y novedades varias que nunca antes se habían realizado en el espacio.

NASA. Estación Espacial Skylab

La Mir rusa estuvo operativa desde el año 1981 hasta el 2001, a pesar de tener prevista una vida útil de cinco años.

Marcó numerosos hitos y era gigantesca comparada con la SkyLab americana. Tenía un volumen habitable de 350 m^3.

NASA. Transbordador Atlantis atracado en la Estación Espacial MIR

Y por último llegó la Estación Espacial Internacional. Una mastodóntica construcción realizada en el espacio en numerosas y arriesgadas misiones a lo largo de 15 años y que actualmente tiene unas dimensiones de 109 metros de largo por 88 de ancho. Viven en ella seis personas y se van turnando por nuevos astronautas cada cierto tiempo.

Está considerada la mayor obra de ingeniería del ser humano. En la ISS se realizan numerosos experimentos en sus cuatro laboratorios, y se espera que siga creciendo con nuevos módulos. Está situada a unos 400 km de altura y es uno de los objetos visibles a simple vista más brillantes del cielo. Viaja a unos 28.000 km/h. Tiene un volumen habitable de 388 m^3 y un volumen presurizado de 916 m^3.

NASA. Estación Espacial Internacional (ISS)

Se espera que la ISS esté operativa hasta el año 2024 y ya hay previstas nuevas estaciones espaciales como la Tiangong 3 China, si bien, no está muy claro pues las nuevas misiones previstas a la Luna y el asentamiento permanente de estaciones lunares hacen cuestionar la utilidad de estas estaciones orbitales.

Se espera construir una estación espacial a medio camino hacia la Luna. Rusia y Estados unidos ya han firmado el acuerdo y el proyecto está en fase avanzadísima. La Deep Space Gateway (Portal de Espacio Profundo) será el punto de partida para futuras misiones a otros planetas y para la construcción de naves estelares más pesadas, es decir, una plataforma de lanzamiento espacial y un "dique" donde construir otras naves más grandes. La década de 2020 es la elegida para este proyecto.

Deep Space Gateway

SATÉLITES. GPS. COMUNICACIÓN CUÁNTICA Y SUS APLICACIONES PARA LAS TRANSMISIONES EN EL ESPACIO. TELETRANSPORTE.

Desde que el satélite Sputnik hizo su aparición no hemos parado de inventar satélites que sirvan para monitorizar el comportamiento del planeta con satélites meteorológicos, espías o de comunicaciones.

Hace relativamente poco se ideó un sistema de navegación para aviones y barcos que tuvieran una precisión sin precedentes. También era fruto de la constante vorágine militar de controlar en todo momento el punto exacto de sus tropas y dónde deberían hacer impacto sus proyectiles con mayor exactitud.

De esta manera, nuevamente militar, surgió la idea del Sistema de Posicionamiento Global o **GPS** por sus siglas en inglés. En la actualidad y para fines científicos tiene una precisión de centímetros, aunque lo habitual para los que lo llevamos en el coche o el móvil es que tenga una precisión de unos pocos metros (2 o 3).

El sistema GPS es controlado por la Armada de los Estados Unidos y se compone de 24 satélites perfectamente en sincronía geoestacionaria alrededor del planeta.

De esos 24 satélites que cubren todo el globo hacen falta tres para dar las coordenadas de nuestra posición.

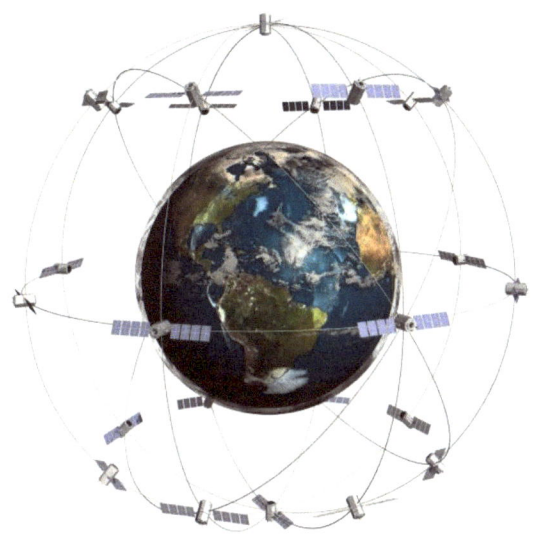

Como hemos comentado con anterioridad debido a la velocidad a la que viajan estos satélites hay un pequeño desfase temporal por a la propia teoría de la relatividad de Einstein, con lo que es necesario realizar los ajustes necesarios en los relojes atómicos de cada satélite para corregir dicho desfase y que no den coordenadas erróneas.

En la actualidad, Rusia, China y Europa trabajan en un sistema propio de posicionamiento para no depender del servicio prestado (y pagado) de los Estados Unidos. El europeo se llama **Galileo** y será mucho más preciso y llegará a más lugares que el americano GPS.

Existe un sistema denominado GPS Diferencial que lo que hace es que los satélites envían la posición a un receptor en Tierra y éste envía la posición corregida y más exacta a la persona que está solicitando esta posición. De momento esta tecnología se emplea sólo en estudios geodésicos, topológicos, de aviación y militares.

GPS Diferencial

También hay un sistema de GPS que recibe múltiples señales de radiofrecuencia obteniendo una exactitud de unos pocos centímetros.

Otros satélites, además de los de posicionamiento, son los meteorológicos, como el METEOSAT, que nos ayudan a predecir los cambios climáticos que van a acontecer próximamente. No solamente en los próximos días, si no que gracias a potentes ordenadores y programas avanzadísimos es posible realizar predicciones para los próximos años.

También tenemos satélites como el HISPASAT que nos proveen de canales de televisión.

Y satélites de comunicaciones para nuestros dispositivos móviles smartphones.

Pero recientemente se están probando nuevas vías de comunicación, ya que las tradicionales se basan en electrones que viajan desde un móvil al satélite y este los remite a otro móvil.

Ahora se está estudiando esta misma comunicación, pero con fotones, lo que viene siendo una **comunicación cuántica** y que permite comunicaciones a velocidades lumínicas, a la velocidad de la luz. Esta, a diferencia de los electrones no se puede piratear, es decir, nadie, por mucho de informática que sepa, sería capaz de interceptar una comunicación cuántica por fotones.

China fue el primer país del mundo que puso en órbita un satélite de comunicación cuántica por fotones en verano de 2016.

Ya en la superficie terrestre se había probado este tipo de comunicación, primero de unos pocos metros hasta los 144 kilómetros como los conseguidos por la ESA en 2007 entre la isla de La Palma y Tenerife, en España.

Pero una de las cosas más sorprendentes es que se está experimentando con sorprendente éxito en el ámbito de la comunicación cuántica es el **teletransporte**.

El teletransporte o teleportación es la capacidad de ir de un lugar a otro instantáneamente, sin desplazamiento del objeto en sí. Es decir, en un momento está ahí sentado leyendo este libro y un instante más tarde estás en las islas Bahamas tumbado en una hamaca tomando el Sol, en un abrir y cerrar de ojos. Eso es literalmente la teleportación, y es lo que se está estudiando seriamente.

Empezaron teletransportando fotones, lógicamente para lograr un sistema de comunicación cuántica y que sirviera para optimizar los ordenadores basados en el silicio, material que ha llegado al límite de su capacidad física. Pero es que resulta que dado el éxito de las pruebas decidieron probar con otras partículas atómicas, y dado que todas ellas daban el mismo buen resultado, resolvieron probar con elementos más complejos como 5000 átomos a una distancia de 23 kilómetros en Canada en 2009. El método fue basado en la desaparición de materia a altas velocidades.

A pesar de estos enormes avances en comunicación dignos de la ciencia ficción, se está estipulando la imposibilidad del teletransporte como medio de transporte dado el principio de conservación de la energía. El problema radica en que un objeto que "desapareciera" de un lugar dado a una altura concreta y se "materializa" en otro lugar a otra altura distinta existiría necesariamente una compensación de la energía, cosa que no se puede calcular, al menos de momento, de manera certera. Tiempo al tiempo…

TELEPORTACIÓN.

Conocido generalmente como teletransportación gracias a series y películas como Star Trek, la teleportación, como se le conoce en el ámbito de la física, es una realidad hoy día, al menos a nivel teórico y atómico.

Para comprender esta idea hay que retroceder a mediados del siglo XX, cuando en la televisión, el capitán de una nave estelar en órbita sobre un planeta, descendía a éste teletransportándose instantáneamente. Esta idea la idearon los productores de la serie para abaratar los costes de tener que construir lanzaderas, para reducir el tiempo de los capítulos y para darle más dinamismo y ritmo a la historia.

Pues como sucedió con el comunicador, que hizo que un ingeniero fanático de la mítica serie (Martin Cooper) desarrollase el teléfono móvil que usamos todos hoy en día, un grupo de científicos comenzó a investigar acerca de la posibilidad de fabricar un aparato capaz de teletransportar objetos o quién sabe, personas.

La idea es desintegrar un objeto, convertirlo en datos y volver a juntarlo todo tal como estaba en su posición exacta en el destino. Esta idea que con objetos inertes no parece plantear demasiadas dificultades, con seres vivos sí que parece mucho más compleja ya que nuestros recuerdos, pensamientos, forma de ser, es única y codificar los enlaces a nivel atómico de todo eso parece imposible, al menos hoy en día.

En el año 2004 la Fuerza Aérea de los Estados Unidos publicaba un informe titulado "Teleportation Physics Study" y publicado en la página web de la FAS (Federation of American Scientists), respetable y prestigiosa institución científica. El contenido del informe abarca temas científicos muy complejos, entre ellos la teleportación.

En 2005 apareció un curioso artículo en la revista Muy Interesante. Anton Zeilinger, reconocido experto en el campo de la física cuántica había conseguido con ayuda de todo su equipo teletransportar por medio de un túnel que atravesaba todo el Danubio por debajo, un par de fotones entrelazados cuánticamente. Esto suponía una distancia de 600 metros.

En 2007, un equipo de investigadores de la ESA consiguió realizar una comunicación cuántica entre dos puntos separados por una distancia de 144 kilómetros (situados entre las islas de La Palma y Tenerife, en España), demostrando que el efecto cuántico del entrelazamiento se mantiene a grandes distancias. Este experimento fue el primer logro de un estudio cuyo objetivo es el diseño de un sistema que permita comunicarse de una forma totalmente segura con satélites mediante comunicación cuántica. En 2009 ya se consiguió el teletransporte de una masa considerable, en torno a unos 5000 átomos a una distancia de unos 23 kilómetros en Canadá. El método fue basado en la desaparición de materia a altas velocidades.

El teletransporte cuántico, al utilizar fotones y no electrones, impide que los mensajes sean descifrados, es decir, un hacker o pirata informático no puede hacer nada frente a esa tecnología al no poder captar señales.

Según leyes físicas conservativas, el teletransporte sería imposible, ya que, el teletransporte de un objeto de un lugar original a un nuevo lugar, debe mantener en todo momento su energía, si se transporta un objeto de un lugar con altura 0 (h = 0) y se desplaza a un lugar con lando la opción de la imposibilidad de teletransporte.

altura distinta de 0 (h!= 0) existiría una necesaria compensación de energía, la cual no podría ser calculada de manera certera; por motivos de esta índole se está tabu Si algo hemos aprendido los últimos doscientos años es que la realidad supera a la ficción, y si podemos imaginarlo podemos hacerlo. No sé el tiempo que llevará, pero se logrará.

Teletransporte en Star Trek.

NUEVAS NAVES DE LA NASA Y DE LA AGENCIA ESPACIAL RUSA.

NASA. Nave Orion.

Estas naves espaciales son las que están previstas que sean las sustitutas de las lanzaderas espaciales de la NASA y que llevarán al ser humano nuevamente a la Luna a establecer una base permanente y posteriormente que nos lleven a Marte y otros planetas. El concepto es casi idéntico al de las cápsulas Apolo, si algo funciona, para qué cambiarlo…

Obviamente tecnológicamente más avanzadas, pero de similar aspecto.

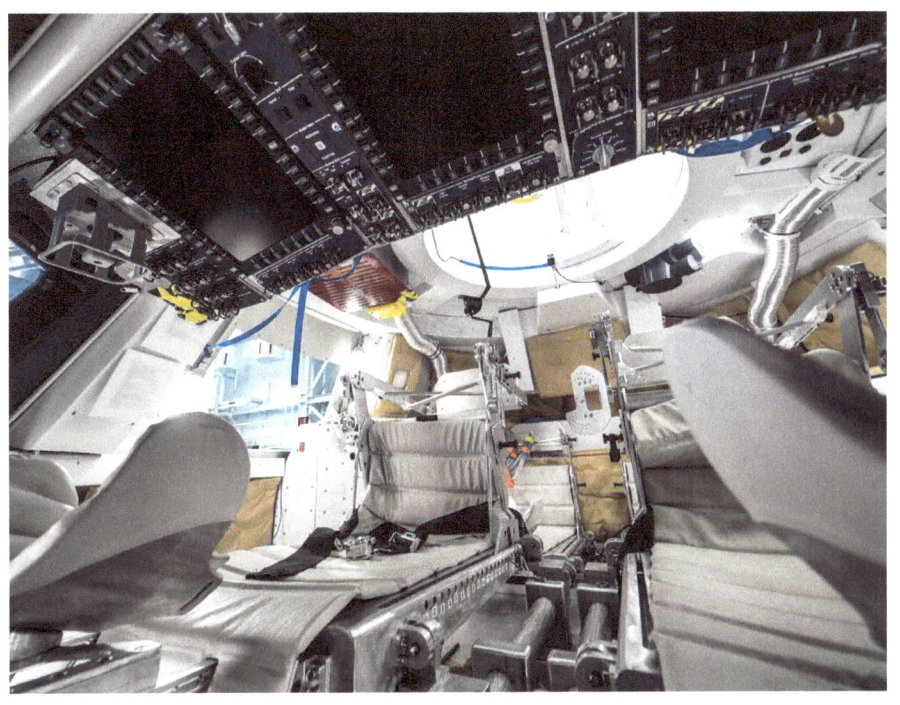

NASA. Interior de la Orion.

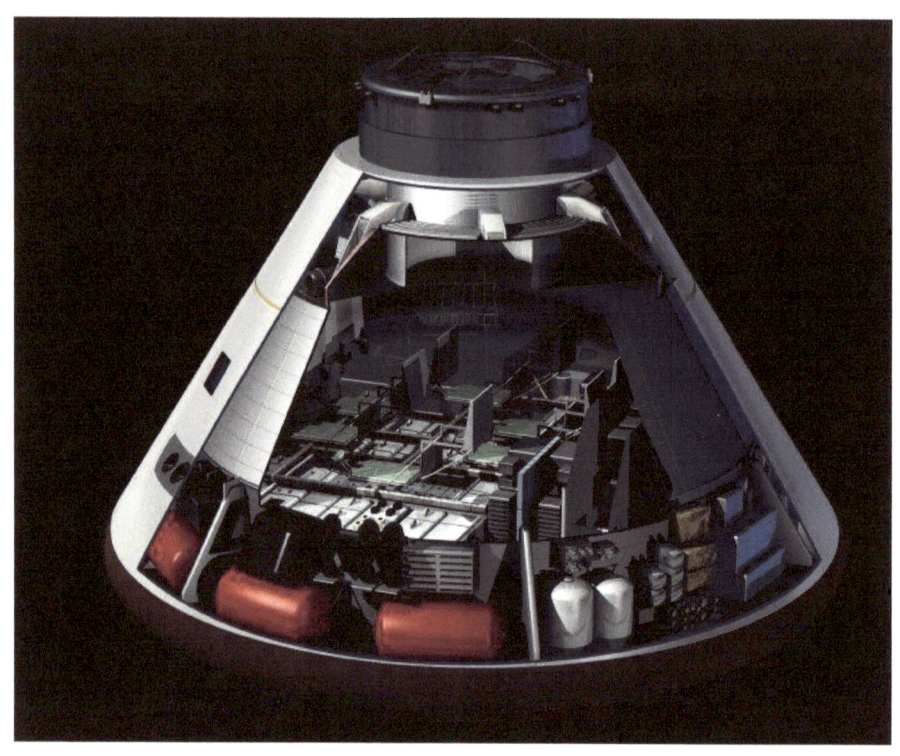

NASA. Diseño conceptual de Orion.

Rusia por su parte está realizando sus diseños para lo que será la sustituta de las Soyuz, la PTK-NP.

El diseño es casi calcado a la Orion norteamericana con la salvedad de que han intentado ser mas generosos con el espacio "habitable" acoplando sillones y paneles de control plegables.

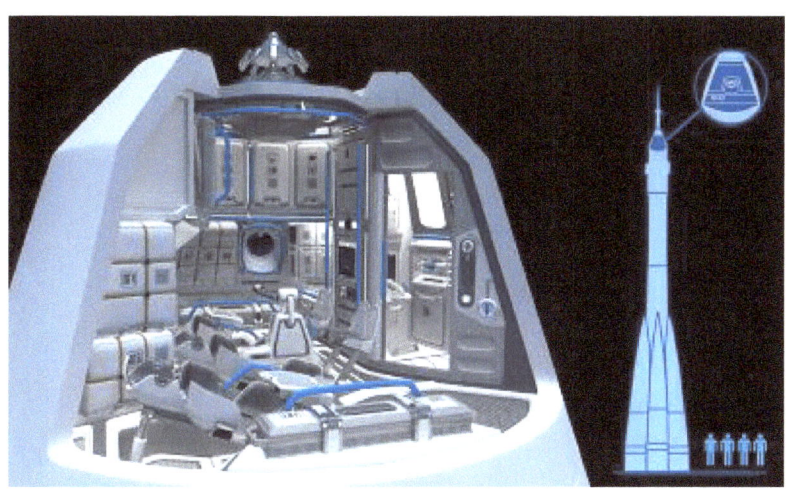

Nave rusa PTK-NP.

También podríamos nombrar los diseños de otras agencias como la india, la europea, la china o la japonesa. Pero todos los diseños son prácticamente idénticos, y es que si algo funciona es mejor no inventar mucho…por si acaso…

COMPAÑÍAS PRIVADAS (SPACE X, VIRGIN GALACTIC, ETC). TURISMO ESPACIAL.

VIRGIN GALACTIC. Starship Two VSS Enterprise.

VIRGIN GALACTIC. Interior de la Starship Two VSS Enterprise.

El magnate británico Richard Branson, con unos 5.000 millones de dólares de patrimonio, entre otras cosas se propuso crear la compañía espacial privada Virgin Galactic, que realizase turismo a todo aquel que quisiera pagar 20.000 $ por un vuelo suborbital (100 km de altura) de unos escasos minutos.

El resultado fue la Starship, un avión espacial que despega con ayuda de otro avión mayor, el White Knight Two, que lo lleva a una altura de casi 14 kilómetros, y desde ahí se desengancha y activa su motor cohete hasta una órbita baja de unos 100 kilómetros, y permanece allí durante algunos minutos.

SPACE X. Nave de carga Dragon.

Elon Musk, otro magnate multimillonario y visionario creó la compañía Space X, pero esta vez con el objetivo de asociarse a compañías públicas como la NASA. Comenzó lanzando satélites en sus propios cohetes y prosiguió llevando carga a la Estación Espacial Internacional. Ahora planea, de hecho, ya tiene la cápsula preparada, llevar personas y no sólo carga. El objetivo con el que Elon Musk creó la compañía fue establecer una colonia en Marte para la que puso incluso fecha en la década de 2020-2030.

BIGELOW Aerospace. Compartimento hinchable acoplado a la Estación Espacial Internacional.

De nuevo un multimillonario, hotelero esta vez, Robert Bigelow, fundó Bigelow Aerospace con el objetivo de fabricar estaciones espaciales hinchables comerciales. Tras varios intentos fallidos o erráticos, por fin consiguió desplegar un módulo hinchable acoplado a la Estación Espacial Iternacional como se observa en la imagen superior. Su intención es proveer a la NASA de módulos para sus bases lunares y marcianas y construir hoteles hinchables que orbiten la Tierra.

BIGELOW Aerospace. Proyecto de hotel inflable.

GALACTIC SUITE. Proyecto español de hotel espacial.

Siguiendo el ejemplo de Bigelow, Xavier Claramunt, diseñó en Barcelona, España, su propio modelo de hotel espacial hinchable tal como se ve en la imagen superior. Esta vez forma parte de un proyecto que compite por hacerse con la concesión de la empresa que las agencias gubernamentales como la NASA para establecer módulos lunares.

THE GATEWAY FOUNDATION. Resort especial.

Hay muchas empresas interesadas en emprender su proyecto hotelero en el espacio por motivos obvios. Veremos cual se lleva el gato al agua finalmente.

Como podemos ver la expectación no sólo es grande si no que realmente hay compañías que lo han tomado más que en serio, haciendo del espacio su medio de vida y ofreciendo soluciones posibles. Algunas de ellas como hemos visto ya están operando y esperan crecer de manera exponencial en los próximos años, y es seguro que es sólo el comienzo y surgirán muchísimas más y darán cada vez más soporte y ofrecerán más y mejores servicios.

AVIONES ESPACIALES.

Si bien la nave de Virgin Galactic, la Starship, es en realidad un avión espacial de vuelo suborbital, no lo comentaremos más en esta sección al haberlo descrito ya anteriormente.

También se están desarrollando aviones comerciales para transportar personas de un extremo al otro del planeta en unas tres horas. La idea es despegar de un aeropuerto, ascender a unos 100 kilómetros de altura y realizar un vuelo parabólico hacia otro punto del planeta para posteriormente descender y aterrizar en otro aeropuerto de forma convencional, como cualquier otro avión.

Europa, China, Estados Unidos, Rusia o Reino Unido son algunos de los países que ya están desarrollando estos aviones, unos para uso comercial y otros para uso militar.

Uno de los proyectos más avanzados es el avión espacial Skylon, con motor "sabre" de fabricación británica.

Proyecto de avión espacial Skylon

Por su parte Boeing también tiene su propio proyecto de avión espacial o hipersónico. Muy similar al skylon británico el de Boeing alcanza velocidades cercanas a Mach 5 (cinco veces la velocidad del sonido), es decir, 6.174 km/h, frente a los 2.500 km/h del Concorde francés.

Proyecto de Boeing de avión hipersónico

Veremos como evoluciona el transporte aéreo pero el objetivo es claro, disminuir drásticamente el tiempo del viaje y así "acercar" todavía más todos los puntos del planeta a velocidades hipersónicas.

El último paso del transporte entre dos puntos sería uno en el que el tiempo de viaje fuese cero, es decir, aparecer instantáneamente en el lugar del planeta que deseásemos. Estaríamos entrando en el terreno de la ciencia ficción, ¿o no?...

HYPERLOOP.

Hablando de transporte, no podíamos dejar de mencionar siquiera el futuro del transporte terrestre. El "tren" del futuro, el hyperloop.

Lleva varios años en proceso y ya se han presentado varios proyectos en fase muy avanzada, hecho pruebas y ya se está construyendo tanto la maquinaria como los "vagones" y el tubo por el que viaja.

Se trata de un tubo al vacío dentro del cual viaja un tren mediante aire presurizado, deslizándose sin tocar en ningún momento nada que pueda disminuir su velocidad, ni vías ni nada. Va flotando, muchísimo más rápido y económico que el tren de levitación magnética.

Claro, esto hace que alcance velocidades increíbles de en torno a 1.200 km/h.

Pertenece a la empresa SpaceX de Elon Musk y se ha desarrollado en España.

Adif, la principal empresa pública ferroviaria de España, ya está moviendo ficha para que hyperloop venga a España a operar.

Proyecto hyperloop.

PRÓXIMAS MISIONES:
BASE PERMANENTE LUNAR.

Recreación de una base lunar permanente.

Desde la última vez que fuimos a la Luna supimos que volveríamos alguna vez para quedarnos.

Algún director de la NASA dijo en su día que nos equivocamos abandonando las misiones lunares de colonización y centrándonos en vuelos orbitales para investigación con las lanzaderas espaciales o la Estación Espacial internacional.

Realmente es mucho menos costoso a largo plazo una estación permanente en suelo lunar que un costosísimo mecano de piezas viajando a 28.000 km/h alrededor de la Tierra. Más "seguro" y con muchas más virtudes y ventajas.

El único inconveniente que había son los cohetes y las naves para ir.

Las lanzaderas espaciales y los cohetes para ponerlas en órbita son pequeñísimas y mucho más baratas en comparación con los cohetes Saturno V y las naves Apolo que nos llevaron a la Luna.

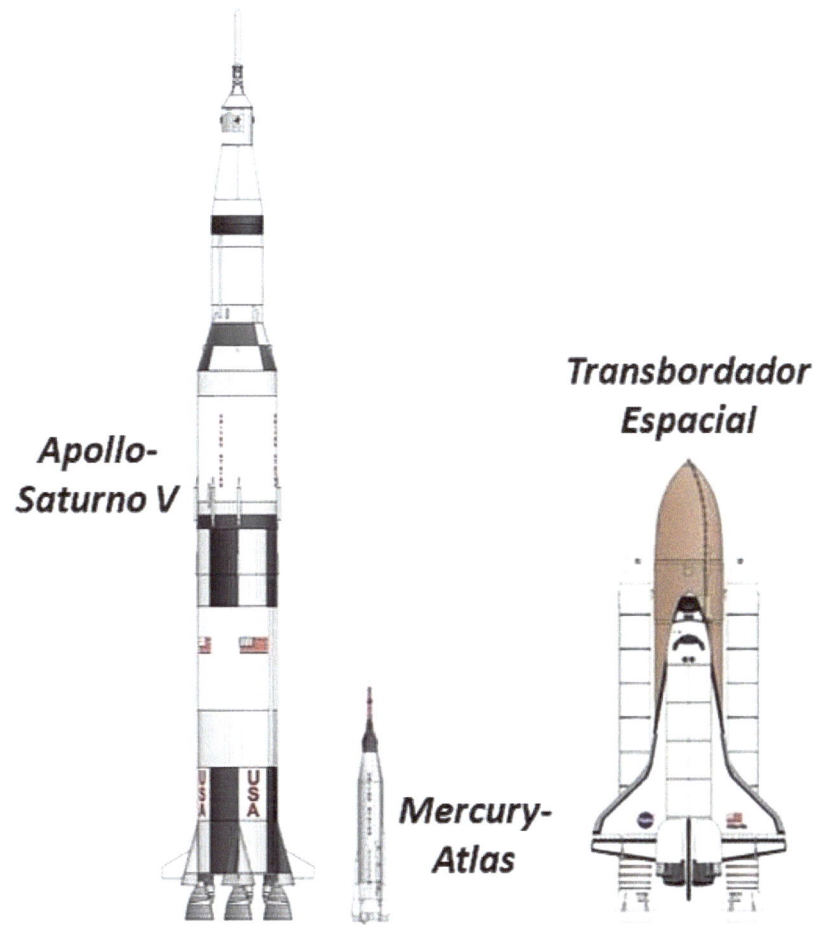

NASA. Comparación del Saturno V, el Atlas y el Transbordador espacial.

COLONIZACIÓN DE MARTE.
TERRAFORMACIÓN.

El proyecto de colonización de Marte es una realidad. Administraciones públicas como la NASA o la ESA y compañías privadas como Space X tienen ya previsto realizar viajes tripulados a Marte para comenzar su colonización.

Son numerosos los proyectos de naves para llevarnos, métodos de aterrizaje, módulos de investigación, habitabilidad, sostenibilidad y despegue, aunque todos siguen patrones comunes y similares. Space X quizás se haya adelantado más sugiriendo un método de aterrizaje y despegue vertical sobre una plataforma fija y reutilizando la nave una y otra vez simplemente parando a repostar y unas revisiones periódicas, con lo que los viajes de ida y vuelta podrían ser efectivamente una realidad en poco tiempo.

El planeta rojo efectivamente es el que reúne las condiciones más parecidas a la Tierra para establecer una colonia fija donde expandir nuestra civilización.

Los primeros nacidos en ese planeta ya no serían terrestres, serían marcianos literalmente, aunque seguirían siendo seres humanos, pero con fuertes modificaciones debido a las condiciones del planeta, comenzando por la menor gravedad debido al pequeño tamaño del planeta (la mitad del nuestro).

Eso sí, las personas nacidas en Marte sufrirían mucho al viajar a la Tierra debido a la mayor gravedad. Sus músculos, huesos y órganos no estarán preparados para soportar la fuerza de la gravedad de nuestro planeta original.

Una ventaja para los primeros colonizadores sería encontrarse que los días duran igual que en la Tierra, siendo su periodo de rotación de 24 horas. Y que al estar su eje inclinado como la Tierra tiene cuatro estaciones diferenciadas: primavera, verano, otoño e invierno.

Para empezar en Marte hace mucho más frío que en la Tierra y su atmósfera es muy débil.

Imaginemos que estamos sentados en la ladera de una montaña de Marte observando el horizonte con el Sol de frente, con nuestro traje espacial por supuesto, en pleno verano a las 15:00 horas. La temperatura es de unos 24°. Fantástico ¿verdad?. Ahora le damos la vuelta a la montaña a esa misma hora en verano y vemos que a la sombra estamos a -50°. Y cuando se hace de noche baja a los -83°.

Las tormentas de arena son a escala planetaria, es decir, que no es como aquí que en nuestra ciudad está lloviendo y hace frío y a 200 km hay un cielo y temperaturas espléndido. Allí si hay tormenta, es en todo el planeta, cosa que sucede casi a diario.

Se sabe que hay agua en Marte en forma de hielo, observable en los casquetes polares y en otras zonas con latitudes más favorables en lo que se conoce en la Tierra como **permafrost**, que es una capa de suelo permanentemente congelado.

SPACE X. Proyecto de colonización de Marte.

Por tanto, las localizaciones más razonables de las primeras colonias serían en aquellas donde la extracción de agua sea relativamente sencilla.

Otro punto importante es la presión atmosférica que en Marte es de tan sólo 7 milibares frente a los 1024 de la Tierra. Traduciendo de forma rápida podemos afirmar que una persona sin un traje presurizado moriría al instante, aunque tuviese una mascarilla con oxígeno.

También tenemos el problema de su bajo campo magnético, que unido a su escasa atmósfera hace que "entre" todo tipo de radiación solar mortales a medio plazo para el ser humano sin protecciones adecuadas. Lo mismo ocurre en el viaje. Los astronautas dentro de la nave estarán expuestos a niveles de radiación solar hasta tres veces superior a los que se experimentan en la Estación Espacial Internacional, ya de por sí altísimos.

Una alternativa a largo plazo para la colonización marciana es **terraformarla**, es decir, volverla más parecida a la Tierra o incluso exacta en condiciones atmosféricas.

Esto es posible aumentando los niveles de gases de efecto invernadero que hiciese que la atmósfera se volviese más densa, el planeta se calentaría y se comenzaría a formar un ciclo de agua, condensación de nubes-precipitación en forma de lluvia ácida-formación de ríos, lagos y mares. Al principio el planeta estaría súper contaminado, pero poco a poco se iría disipando a favor de niveles aceptables por el ser humano.

No sólo hacer más densa la atmósfera es importante, si no también que contenga los niveles adecuados de cada gas (oxígeno, hidrógeno, dióxido de carbono, etc).

Tan avanzados son las hipótesis y estudios acerca de la terraformación de Marte que constituye ya en sí una disciplina científica independiente.

El propio magnate multimillonario Elon Musk, fundador entre otros de Space X, ha propuesto terraformar Marte de diversas maneras, entre otras, bombardeándolo con armas nucleares para calentarlo y crear el deseado efecto invernadero para retener su atmósfera.

Aún así, muchos científicos discrepan sobre si una vez terraformada, la gravedad del planeta rojo sería suficiente para retener su atmósfera y volviera al estado actual.

NASA. Hipotética representación de Marte terraformado.

EXOPLANETAS.

Se calcula que hay unos 800 trillones de planetas en el universo. Si suponemos que uno de cada quince tiene vida (como en nuestro sistema solar teniendo en cuenta los planetas enanos como Plutón o Ceres), tenemos 53 trillones de planetas habitables. Probablemente este último dato es exagerado, pero siendo muy pesimista y estimando que sólo una tercera parte de ese dato es cierto tendríamos más de 17 trillones de planetas habitables en el universo.

Es curioso como el ser humano es capaz de imaginar las maravillas más extravagantes, como llegar a la Luna, y negarlas a la vez.

He tropezado muchas veces con gente, que no sigue nada en absoluto la materia, que asegura, porque sí, que el ser humano no ha llegado a la Luna y que todo fue un invento de Estados Unidos para ganar la carrera espacial a Rusia. Y es que es más fácil destruir que crear. Qué pena. Después del ingente esfuerzo de los mejores ingenieros del mundo, una proeza que casi sume en la pobreza a una nación, la última conquista del ser humano sigue en entredicho, repito, sobre todo por personas ajenas completamente a la ciencia o a la astrofísica.

Os dejo una de las muchas fotos que han revelado diversos telescopios terrestres para su divulgación, de un esfuerzo conjunto de varias naciones por desmentir acusaciones injustas e infundadas. En esta pueden verse los restos dejados por las misiones Apollo.

Lo que viene a colación del tema que me ocupa hoy, los llamados exoplanetas, que son los planetas que los científicos están hallando fuera del sistema solar.

Lo cierto es que es más cómodo, e ingenuo, creer que somos los únicos seres inteligentes del universo, sobre todo para los que ostentan algún tipo de poder. Cuanto más domines a los tuyos, más dóciles y dúctiles serán.

Pero ¿qué pasaría si hubiese otro mundo no sólo capaz de albergar vida, si no que tuviese ya vida inteligente, o mejor aún (o peor, según se mire), mucho más avanzada que nosotros?. ¿Seguiríamos bajo el yugo de la opresión sabiendo que podrían existir otros mundos como el nuestro sin el sistema autoimpuesto de esclavitud llamado "hipoteca, factura de la luz, agua, teléfono, etc, etc, etc"?. ¿Podríamos empezar de nuevo siguiendo otro camino y eliminar de la ecuación la mayor equivocación de la humanidad, el dinero?.

Resulta que nuestro sistema solar, si, incluido nuestro planeta, tiene 4.500

millones de años. Sólo nuestra galaxia, la Vía Láctea, tiene 13.200 millones de años, el triple de años. Se calcula que podría contener hasta 400.000 millones de estrellas. Nuestro Sol es de las estrellas más comunes en el universo.

Para diciembre de 2014, las observaciones del telescopio Kepler habían encontrado más de 4.000 exoplanetas, 997 confirmados y 3.216 pendientes de confirmación. Partiendo de los datos de la misión, los astrónomos han estimado la existencia de 40.000 millones de planetas del tamaño de la Tierra orbitando sus estrellas en la zona de habitabilidad (de ellos, 11.000 millones en torno a estrellas similares al Sol). Estas cifras suponen que el exoplaneta habitable más cercano podría estar a tan sólo 12 años luz de distancia.

Obviamente todos los planetas que se están encontrando no son susceptibles de albergar vida. Hay desde gigantes gaseosos como Júpiter hasta planetas rocosos fríos e inertes como Marte, pasando por una amplia gama de variedades.

Pero los que nos interesan son los que sean habitables y/o pudieran albergar vida ya en ellos. Esto se mide con el Indice de Similitud con la Tierra (IST) en el que la Tierra tiene un valor de 1, y por ejemplo Venus tiene un 0,78. Nos interesarían pues planetas que tuviesen índice entre 0,95 y 1.

Para estimar el «Índice de Similitud con la Tierra» de un cuerpo planetario, se necesita conocer su radio, densidad, velocidad de escape y temperatura superficial. Estos parámetros se suelen calcular sobre la base de una o más variables conocidas. Por ejemplo, para obtener la temperatura en superficie se consideran la irradiación, calentamiento por marea, albedo, insolación y calentamiento por efecto invernadero del planeta. En caso contrario, se emplea la temperatura de equilibrio planetario o se infiere de otros parámetros.

Un exoplaneta que tenga un elevado IST (es decir, con valores comprendidos entre 0.8 y 1) es probable que sea rocoso y que disponga de una temperatura superficial moderada. El IST no es una medida de habitabilidad, aunque debido a su referencia con la Tierra, algunas de sus funciones se asemejan a este tipo de medidas. Tanto el ESI (IST) como los análisis de la zona de habitabilidad tienen en común el uso de la temperatura superficial como función principal así como su relación con la Tierra.

El IST se halla por la expresión:

$$IST = \prod_{i=1}^{n}\left(1 - \left|\frac{x_i - x_{i0}}{x_i + x_{i0}}\right|\right)^{\frac{w_i}{n}}$$

Donde x_i es una de las características del planeta (por ejemplo, temperatura superficial), x_{i0} es el valor de referencia terrestre para ese atributo (en términos de temperatura, 288 K), w_i es el peso otorgado a la propiedad, y n es el número total de propiedades del planeta. Los pesos colocados en forma de exponente ajustan la sensibilidad de la escala e igualan sus significados a través de las distintas propiedades. El conjunto de propiedades, sus valores de referencia y sus exponentes de peso figuran en la siguiente tabla.

Propiedad	Valor de referencia	Peso
Radio medio	1.0 ⊕	0.57
Densidad aparente	1.0 ⊕	1.07
Velocidad de escape	1.0 ⊕	0.70
Temperatura superficial	288 K	5.58

El IST ha sido dividido en dos componentes para medir los diferentes aspectos de similitud física: El IST Interior y el IST Superficial. El radio medio y la densidad aparente comprenden el IST Interior, mientras que la velocidad de escape y la temperatura superficial, el IST Superficial. El IST Global se suele citar como una medida global.

Veamos algunos conceptos para comprender la tabla de exoplanetas.

La **SPH** (en inglés: *Standard Primary Habitability*) es la idoneidad para la vegetación en una escala de 0 a 1. Depende de la temperatura superficial y de la humedad relativa si se conoce.

La **HZD** (en inglés: *Habitable Zone Distance*) es la distancia respecto al centro de la zona habitable en una escala de -1 a 1, donde -1 representa el confín interno de la zona, y 1 representa el confín externo. Este valor depende de la luminosidad y temperatura de su estrella, así como del radio de la órbita planetaria.

La **HZC** (en inglés: *Habitable Zone Composition*) mide la composición de un planeta. Valores cercanos a 0 supondrían probablemente una combinación de hierro, roca y agua; valores inferiores a -1 representarían objetos astronómicos muy densos, compuestos principalmente de hierro; y valores superiores a +1 objetos astronómicos compuestos fundamentalmente de gas. Depende de la masa y del radio de un planeta.

La **HZA** (en inglés: *Habitable Zone Atmosphere*) mide la densidad atmosférica del planeta. Valores inferiores a -1 representan objetos astronómicos probablemente carentes de atmósfera, y valores superiores a +1 representan cuerpos con gruesas atmósferas de hidrógeno, como los gigantes gaseosos. Planetas con valores entre -1 y 1 pueden presentar atmósferas idóneas para la vida (si la composición es adecuada), aunque el cero no representa el óptimo. El valor depende de la masa, radio y órbita planetaria, así como de la luminosidad de la estrella.

La **clase planetaria** (**pClass**, en inglés: *Planetary Class*) clasifica objetos según la zona térmica (caliente, tibio o frío, donde "tibio" representa a un cuerpo situado en la zona habitable) y la masa (asteroidal, mercuriana, subterrestre, terrestre, superterrestre, neptuniana, y joviana).

La **clase de habitabilidad** (**hClass**, en inglés: *Habitability Class*) clasifica planetas según su temperatura superficial:

hipopsicroplanetas (hP) = muy fríos (<−50 °C); psicroplanetas (P) = fríos (-50 °C a 0 °C); mesoplanetas (M) = temperatura adecuada para la vida (0 °C a 50 °C); termoplanetas (T) = cálidos (50 °C a 100 °C); e hipertermoplanetas (hT) = muy cálidos (>100 °C). Los mesoplanetas podrían ser térmicamente aptos para la vida, siendo objeto de debate la habitabilidad en objetos del resto de clases (especialmente P y T), que podría presentarse en formas de vida simples (extremófilos).
Los cuerpos de clase NH (no habitable) no son aptos para la vida tal y como la conocemos.

Recientemente se han hallado exoplanetas con indices muy superiores como KOI-4878.01 con un IST de **0,98** o GLIESE 581 g con un IST de **0,99** confirmado.

Además, en el caso de KOI, no se encuentra anclado por marea, lo que quiere decir que rota sobre sí mismo ofreciendo días y noches, y potencialmente, estacionalidad.

En esta imagen vemos una representación de KOI-4878.01

Considerando sus características, si se confirma la existencia de KOI-4878.01 las probabilidades de que albergue algún tipo de forma de vida sobre su superficie, son extremadamente altas.

El próximo tránsito se espera para el 10 de octubre de 2016.

En esta imagen vemos una representación de GLIESE 581 g comparado con la Tierra.

¿Entonces?. ¿Podríamos vivir en KOI-4878 o en GLIESE 581?. La respuesta es, casi seguro que sí.

El "casi seguro" es debido obviamente a que no se puede asegurar al 100% hasta que no vayamos allí.

¿Y cómo iríamos allí?. Ese será el sorprendente próximo artículo.

VIAJES ESPACIALES.

Respecto al artículo anterior acerca de planetas "terrestres" habitables cerrábamos preguntándonos si sería posible llegar a ellos. Pues la respuesta es sí.

La estrella más cercana a nosotros (además del Sol claro) es Próxima Centauri a 4,2 años luz de distancia. Es decir, si viajásemos en una nave a la velocidad de la luz tardaríamos 4,2 años en llegar.

Las naves más rápidas actuales tardarían unos 72.000 años en llegar a Próxima Centauri, pero se está experimentando con nuevos propulsores como los Orion que podría reducir este tiempo a menos de cien años. Aún así es mucho tiempo.

Además de la distancia otro punto a tener en cuenta es la energía empleada en mover esa nave. Dicha energía sería decenas de miles superiores a las actuales.

También hay que salvar los problemas de viajar a gran velocidad por el espacio, ya que éste no es un medio vacío, sino que existen partículas que atravesarían el casco de la nave como si fuera mantequilla, por no hablar de la radiación y un largo etcétera.

Existen numerosos proyectos de propulsión, nucleares, plasma, solares, etc, pero todos siguen la teoría de la relatividad al pie de la letra, es decir, que aunque llegásemos allí, la Tierra de la que partieron habría desaparecido debido a la dilatación en el tiempo que se produce al viajar a velocidades próximas a la luz. El viajero espacial envejece a un ritmo normal, para él el tiempo pasa normalmente, mientras que para los que nos quedásemos en la Tierra pasarían millones de años.

Hay varias formas de llegar, la primera es construir una gigantesca nave donde pasar la vida, tener hijos, que estos pasen su vida y que sus hijos (nuestros nietos) o los biznietos de éstos llegasen algún día a ese planeta.

Este método resulta poco efectivo, ya que las generaciones siguientes a la primera en partir de la Tierra no verían ningún sentido abandonar su hábitat donde generaciones se han criado, vivido y muerto. Además de olvidar para qué de aquella misión que encomendaron a sus tatarabuelos.

Otra opción es construir una nave, como la ideada por Stephen Hawking, la cual puede llegar a casi la velocidad de la luz (llegar a la velocidad de la luz es físicamente imposible). Al principio no iría demasiado rápido, sin embargo, iría acelerando con el tiempo y en tan sólo una generación podría llegar al límite del universo. Pero este método, como hemos mencionado anteriormente, tiene el inconveniente de la teoría de la relatividad, es decir, no habría una Tierra esperando a los astronautas porque para nosotros habrían pasado millones de años. En física se suele decir que "la luz es la vara de medir" del universo.

DISCOVERY CHANNEL. Nave lumínica de Stephen Hawking.

Menos mal que tenemos una cosa llamada imaginación y no nos dejamos derrotar fácilmente.

NASA. Ilustración del prototipo de la IXS Enterprise del Dr. White.

La NASA ha presentado el diseño de un prototipo de nave similar a la de Star Trek que "podría hacer de los viajes interestelares por el investigador una realidad".

Este trabajo está liderado Harold White, conocido por sugerir que viajar más rápido que la luz (FTL, Fast Than Light) es posible, en colaboración con el artista Mark Rademaker tal como la de Star Trek. White se ha basado en las teorías del físico teórico Miguel Alcubierre para llevar a cabo su proyecto.

Concretamente, White ha señalado que el uso del empuje 'Warp' --que permitiría propulsar una nave espacial a una velocidad equivalente a varios múltiplos de la velocidad de la luz-- es viable y que este tipo de naves podrían jugar con el espacio-tiempo y cubrir grandes distancias casi instantáneamente. Salvando así el problema de la teoría de la relatividad de Einstein. Por fin una solución para que los viajeros espaciales encontrasen su Tierra de vuelta.

La nave en cuestión se llama Enterprise IXS, en honor a la famosa saga cinematográfica, y se comportaría exactamente igual a ésta, creando una burbuja espacio-temporal alrededor de la nave que la catapultaría "surfeando" el espacio tiempo, hasta llegar a su destino.

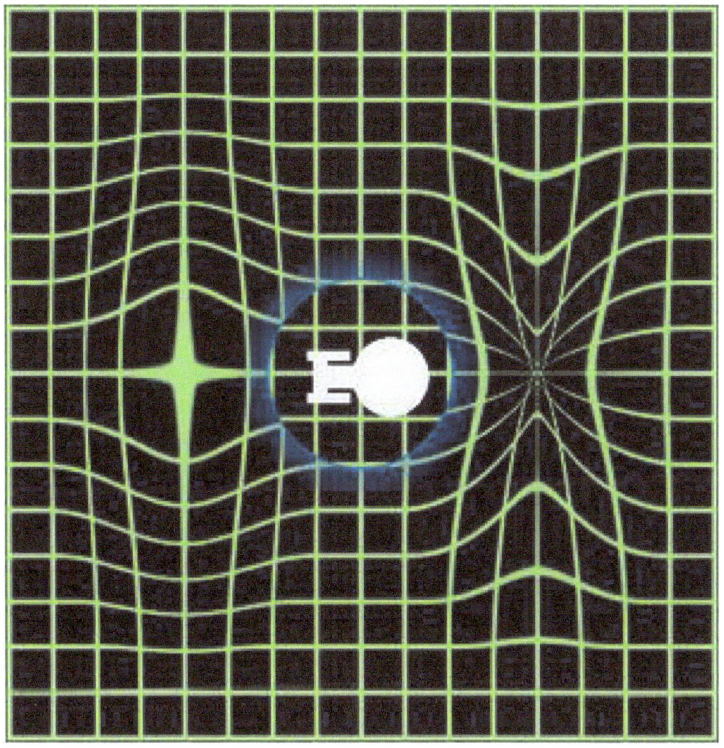

La nave contrae el espacio-tiempo delante de ella y lo dilata tras de sí.

A pesar de estar todavía lejos la fabricación de una nave similar, White y su equipo están haciendo pruebas en la NASA para poder aplicar estas teorías en un viaje a la Luna o a Marte, reduciendo drásticamente el tiempo empleado en dichos viajes.

Quien sabe, si todo va bien y a pesar de todo, puede que tengamos salvación en otro sistema planetario...

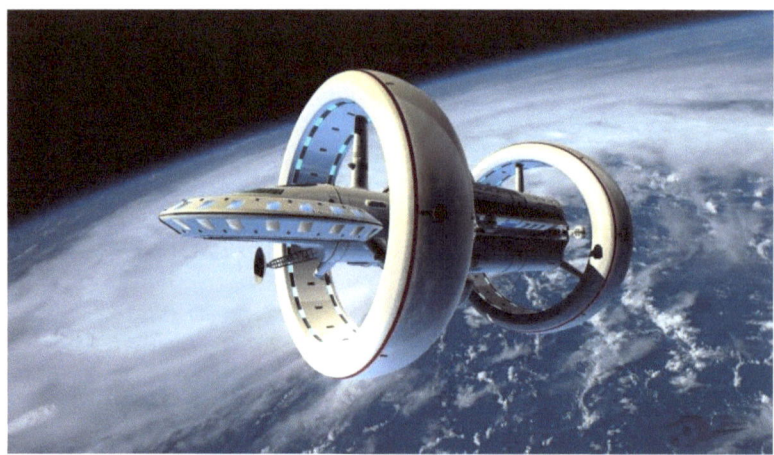

NASA. Representación de la IXS Enterprise

NASA. Viaje hiperlumínico.

www.ingramcontent.com/pod-product-compliance
Lightning Source LLC
Chambersburg PA
CBHW040217220526
454173CB00001B/23